吉林省矿产资源潜力评价系列成果，

是所有在白山松水间

辛勤耕耘的几代地质工作者

集体智慧的结晶。

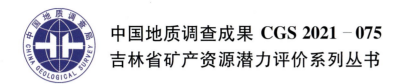

中国地质调查成果 CGS 2021-075
吉林省矿产资源潜力评价系列丛书

吉林省磷矿矿产资源潜力评价

JILIN SHENG LINKUANG KUANGCHAN ZIYUAN QIANLI PINGJIA

松权衡 薛昊日 于 城 王 信 等编著

图书在版编目(CIP)数据

吉林省磷矿矿产资源潜力评价/松权衡等编著.—武汉:中国地质大学出版社,2021.12
(吉林省矿产资源潜力评价系列丛书)
ISBN 978-7-5625-4970-3

Ⅰ.①吉⋯
Ⅱ.①松⋯
Ⅲ.①磷矿资源-资源潜力-资源评价-吉林
Ⅳ.①P619.210.623.4

中国版本图书馆CIP数据核字(2021)第182771号

吉林省磷矿矿产资源潜力评价	松权衡 薛昊日 于 城 王 信 等编著
责任编辑:郑济飞 选题策划:毕克成 段勇 张旭	责任校对:张咏梅
出版发行:中国地质大学出版社(武汉市洪山区鲁磨路388号)	邮编:430074
电 话:(027)67883511 传 真:(027)67883580	E-mail:cbb@cug.edu.cn
经 销:全国新华书店	http://cugp.cug.edu.cn
开本:880毫米×1230毫米 1/16	字数:143千字 印张:4.5
版次:2021年12月第1版	印次:2021年12月第1次印刷
印刷:湖北中远印务有限公司	
ISBN 978-7-5625-4970-3	定价:128.00元

如有印装质量问题请与印刷厂联系调换

吉林省矿产资源潜力评价系列丛书编委会

主　任：林绍宇
副主任：李国栋
主　编：松权衡
委　员：赵　志　赵　明　松权衡　邵建波　王永胜
　　　　于　城　周晓东　吴克平　刘颖鑫　闫喜海

《吉林省磷矿矿产资源潜力评价》

编著者：松权衡　薛昊日　于　城　王　信　张廷秀
　　　　杨复顶　王立民　庄毓敏　李任时　徐　曼
　　　　张　敏　苑德生　李春霞　张红红　李　楠
　　　　袁　平　任　光　王晓志　曲洪晔　宋小磊
　　　　李　斌

前　言

"吉林省矿产资源潜力评价"为原国土资源部中国地质调查局部署实施的"全国矿产资源潜力评价"省级工作项目，主要目标是在现有地质工作程度基础上，充分利用吉林省基础地质调查和矿产勘查工作成果与资料，充分应用现代矿产资源评价理论方法和GIS评价技术，开展全省重要矿产资源潜力评价，基本摸清全省矿产资源潜力及其空间分布。开展吉林省成矿地质背景、成矿规律、物探、化探、遥感、自然重砂、矿产预测等各项工作的研究，编制各项工作的基础和成果图件，建立全省重要矿产资源潜力评价相关的地质、矿产、物探、化探、遥感、重砂空间数据库。

"吉林省磷矿矿产资源潜力评价"是"吉林省矿产资源潜力评价"的工作内容，提交了《吉林省磷矿矿产资源潜力评价成果报告》及相应图件。系统地总结了吉林省磷矿的勘查研究历史、存在的问题及资源分布，划分了矿床成因类型，研究了成矿地质条件及控矿因素。以通化水洞组磷矿作为典型矿床研究对象，从吉林省大地构造演化与磷矿时空的关系、区域控矿因素、区域成矿特征、矿床成矿系列、区域成矿规律研究，以及物探、化探、遥感信息特征等方面总结了预测工作区及全省磷矿成矿规律，总结了重要找矿远景区地质特征与资源潜力。

目 录

第一章 概 述	(1)
第二章 以往工作程度	(3)
第一节 区域地质调查及研究	(3)
第二节 重力、磁测、化探、遥感、自然重砂调查及研究	(5)
第三节 矿产勘查和预测及成矿规律研究	(9)
第四节 地质基础数据库现状	(9)
第三章 地质矿产概况	(12)
第一节 成矿地质背景	(12)
第二节 区域矿产特征	(12)
第三节 区域地球物理、地球化学、遥感、自然重砂特征	(13)
第四章 预测评价技术思路	(28)
第五章 成矿地质背景研究	(30)
第一节 技术流程	(30)
第二节 建造构造特征	(30)
第三节 大地构造特征	(31)
第六章 典型矿床与区域成矿规律研究	(33)
第一节 技术流程	(33)
第二节 典型矿床研究	(34)
第三节 预测工作区成矿规律研究	(41)
第七章 物探、化探、遥感、自然重砂应用	(44)
第一节 重　力	(44)
第二节 磁　测	(45)
第三节 化　探	(46)
第四节 遥　感	(47)
第五节 自然重砂	(49)
第八章 矿产预测	(50)
第一节 矿产预测方法类型及预测模型区选择	(50)

第二节　矿产预测模型与预测要素图编制 …………………………………………………（50）
　　第三节　预测区圈定 ……………………………………………………………………………（53）
　　第四节　预测要素和预测区优选 ………………………………………………………………（54）
　　第五节　资源量定量估算 ………………………………………………………………………（54）
　　第六节　预测区地质评价 ………………………………………………………………………（58）
第九章　单矿种(组)成矿规律总结 ……………………………………………………………（60）
　　第一节　成矿区(带)划分及矿床成矿系列 ……………………………………………………（60）
　　第二节　区域成矿规律与图件编制 ……………………………………………………………（61）
第十章　结　　论 …………………………………………………………………………………（63）
主要参考文献 ………………………………………………………………………………………（64）

第一章 概 述

吉林省磷矿矿产资源潜力评价是吉林省矿产资源潜力评价的重要矿种潜力评价之一，其目的是在现有地质工作程度基础上，充分利用吉林省基础地质调查和矿产勘查工作成果与资料，充分应用现代矿产资源评价理论方法和 GIS 评价技术，开展全省磷矿资源潜力评价，基本摸清磷矿资源潜力及其空间分布。开展本省与磷矿有关的成矿地质背景、成矿规律、物探、化探、遥感、自然重砂、矿产预测等工作的研究，编制各项工作的基础和成果图件，建立与全省磷矿矿产资源潜力评价相关的地质、矿产、物探、化探、遥感、重砂空间数据库。培养一批综合型地质矿产人才。

完成的主要任务是对吉林省已有的区域地质调查和专题研究等资料，包括沉积岩、火山岩、侵入岩、变质岩、大型变形构造等各个方面，按照大陆动力地学理论和大地构造相工作方法，依据技术要求的内容、方法和程序进行系统整理归纳。以 1∶25 万实际材料图为基础，编制吉林省沉积（盆地）建造构造图、火山岩相构造图、侵入岩浆构造图、变质建造构造图，以及大型变形构造图，从而完成吉林省大地构造相图编制工作；在初步分析成矿大地构造环境的基础上，按矿产预测类型的控制因素以及分布，分析成矿地质构造条件，为矿产资源潜力评价提供成矿地质背景和地质构造预测要素信息，为吉林省重要矿产资源评价项目提供区域性和评价区基础地质资料，完成吉林省成矿地质背景课题研究工作。

在现有地质工作程度基础上，全面总结吉林省基础地质调查和矿产勘查工作成果与资料，充分应用现代矿产资源预测评价的理论方法和 GIS 评价技术，开展磷矿资源潜力预测评价，基本摸清吉林省磷矿矿产资源潜力及其空间分布。

重点是研究磷矿典型矿床，提取典型矿床的成矿要素，建立典型矿床的成矿模式；研究典型矿床区域内地质、物探、化探、遥感和矿产勘查等综合成矿信息，提取典型矿床的预测要素，建立典型矿床的预测模型；在典型矿床研究的基础上，结合地质、物探、化探、遥感和矿产勘查等综合成矿信息确定磷矿的区域成矿要素和预测要素，建立区域成矿模式和预测模型。深入开展全省范围的磷矿区域成矿规律研究，编制磷矿成矿规律图；按照全国统一划分的成矿区带，充分利用地质、物化探、遥感和矿产勘查等综合成矿信息，圈定成矿远景区和找矿靶区，评价Ⅴ级成矿远景区资源潜力，并进行分类排序；编制磷矿预测图。以地表至 2000m 以浅为主要预测评价范围，进行磷矿资源量估算。编制单矿种预测图、勘查工作部署建议图、未来开发基地预测图。

以成矿地质理论为指导，为研究吉林省区域成矿地质构造环境及成矿规律，建立矿床成矿模式、区域成矿模式及研究区域成矿谱系提供信息；为圈定成矿远景区和找矿靶区、评价成矿远景区资源潜力、编制成矿区（带）成矿规律与预测图提供物探、化探、遥感、自然重砂方面的依据。

建立并不断完善与矿产资源潜力评价相关的物探、化探、遥感、自然重砂数据库，完善省级资源潜力预测评价综合信息集成空间数据库，为今后开展矿产勘查的规划部署奠定扎实基础。

对 1∶50 万地质图数据库、1∶20 万数字地质图空间数据库、全省矿产地数据库、1∶20 万区域重力数据库、航磁数据库、1∶20 万化探数据库、自然重砂数据库、全省工作程度数据库、典型矿床数据库全面系统维护,为吉林省重要矿产资源潜力评价提供基础信息数据。用 GIS 技术服务于矿产资源潜力评价工作的全过程(解释、预测、评价和最终成果的表达)。资源潜力评价过程中针对各专题进行信息集成工作,建立吉林省重要矿产资源潜力评价信息数据库。

取得的主要成果:

(1)系统地总结了吉林省磷矿勘查研究历史及存在的问题,以及资源分布;划分了磷矿矿床类型;研究了磷矿成矿地质条件及控矿因素。

(2)从空间分布、成矿时代、大地构造位置、赋矿层位、围岩蚀变特征、成矿作用及演化、矿体特征、控矿条件等方面总结了预测区磷矿成矿规律。

(3)建立了水洞式磷矿典型矿床成矿模式和预测模型。

(4)确立了预测工作区的成矿要素和预测要素,建立了预测工作区的成矿模式和预测模型。

(5)研究了吉林省磷矿勘查工作部署,对未来矿产开发基地进行了预测。

(6)用地质体积法预测吉林省 500m 以浅和 1000m 以浅磷矿资源量。

第二章 以往工作程度

第一节 区域地质调查及研究

吉林省 20 世纪 60 年代完成全省 1∶100 万地质调查编图;自国土资源大调查以来,完成 1∶25 万区域地质调查 13 个图幅,面积 13.5 万 km²;完成 1∶20 万区域地质调查 32 个图幅,面积约 13 万 km²;1∶5 万区域地质调查工作开始于 20 世纪 60 年代,大部分部署于重要成矿区(带)上,累计完成面积约 6.5 万 km²。工作程度见图 2-1-1、图 2-1-2、图 2-1-3。

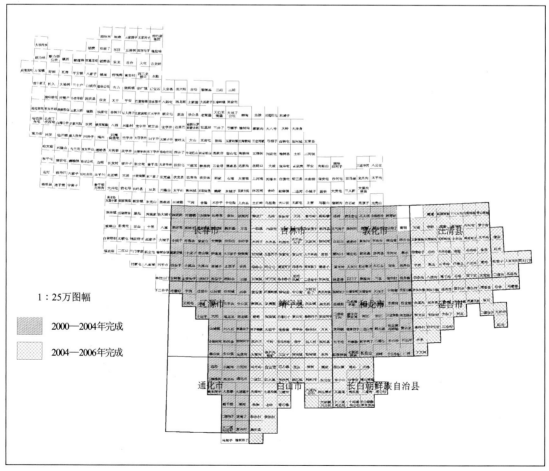

图 2-1-1　吉林省 1∶25 万区域地质调查工作程度图

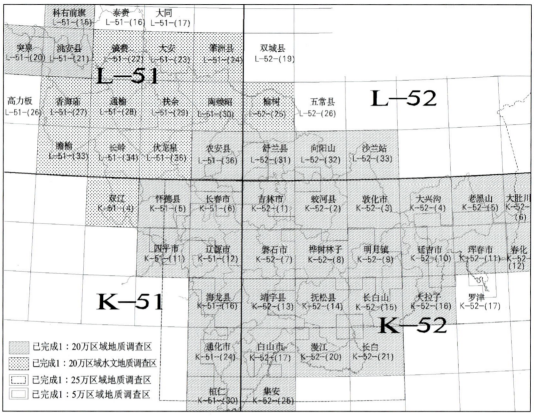

图 2-1-2 吉林省 1:20 万区域地质调查工作程度图

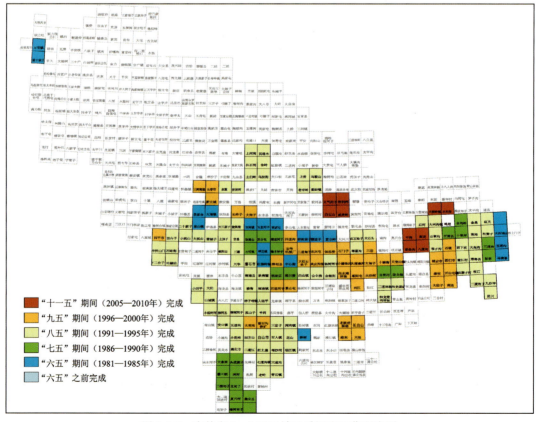

图 2-1-3 吉林省 1:5 万区域地质调查工作程度图

吉林省基础地质研究于20世纪60年代开始持续至今,可大致划分如下几个时期:第一时期为20世纪60年代,利用已有的1:20万区域地质资料研究编制1:100万区域地质图及说明书;第二时期为20世纪80年代,利用已有的1:20万、1:5万区域地质资料和1:100万区域地质研究成果编制1:50万区域地质志,同时提交了1:50万地质图、1:100万岩浆岩地质图、1:100万地质构造图;第三时期为20世纪90年代至今,针对全省岩石地层进行了清理。

第二节　重力、磁测、化探、遥感、自然重砂调查及研究

一、重力

吉林省1:100万区域重力调查1984—1985年完成野外实测工作,编制了吉林省1:100万区域重力调查成果报告。

1982年吉林省首次按国际分幅开展1:20万重力调查,至今在吉林省东、中部地区共完成33幅区域重力调查,面积约12万 km²。在1996年以前重力测定点位求取采用航空摄影测量中电算加密方法,1997年后重力测定点位求取采用GPS求解。重力工作程度见图2-2-1。

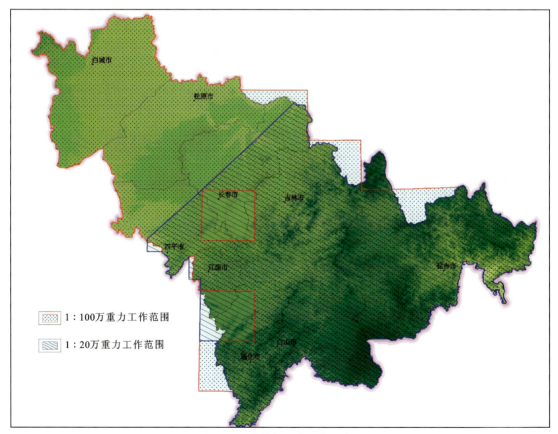

图 2-2-1　吉林省重力工作程度图

吉林省1:100万区域重力调查解释推断出66条断裂,其中34条断裂与以往断裂吻合,新推断出32条断裂。结合深部构造和地球物理场的特征,划分出3个Ⅰ级构造区和6个Ⅱ级构造分区。

吉林省东部1：20万区域重力调查通过资料分析,综合预测贵金属及多金属找矿区38处;通过居里等温面的计算,地温梯度在长春—吉林以南、辽源—桦甸以北均属于高地温梯度区;通过深部剖面的解释,伊舒断裂带西支断裂F32、东支断裂F33、四平-德惠断裂带东支断裂F30,断裂走向为北东向,与伊舒断裂带平行。以上断裂属深大断裂。

在吉林省南部推断出71条断裂构造,圈定33个隐伏岩体和4个隐伏含煤盆地。

二、磁测

吉林省航空磁测由地质矿产部航空物探总队实施。1956—1987年间,进行不同地质找矿目的、不同比例尺、不同精度工作的航空磁测工区(覆盖全省),共计13个。完成1：100万航磁15万 km^2,1：20万航磁20.9万 km^2,1：5万航磁9.749万 km^2,1：5万航电0.9万 km^2。工作程度见图2-2-2。

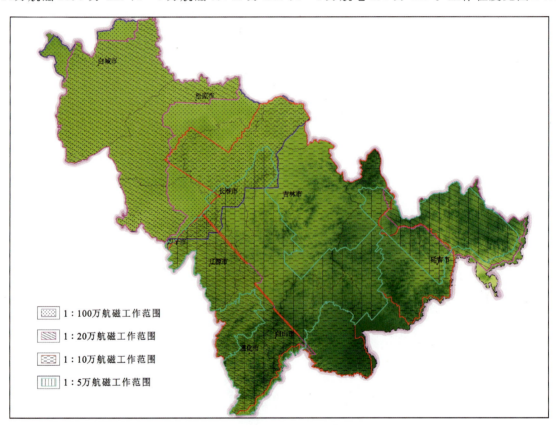

图2-2-2 吉林省航磁工作程度图

由吉林省地质矿产局物探大队编制的1：20万航磁图,是全省完整的统一图件,对全省有关的生产、科研和教学等都具有较大的实用意义,为寻找黑色金属、有色金属、能源矿产等提供了丰富的基础地球物理资料。

吉中地区航磁测量发现航磁异常250个,为寻找与异常有关的铁、铜等金属矿提供了线索。经检查52个异常中,见矿或与矿化有关的异常6个,与超基性岩或基性岩有关的异常15个,推断与矿有关的异常31个。

通化西部地区航磁测量发现航磁异常142处,推断与寻找磁铁矿有关的异常20处;基性—超基性岩体引起的异常14处,接触蚀变带引起的有望寻找铁、铜矿及多金属矿的异常10处。航磁图显示了本区构造特征。以异常为基础,结合地质条件,划出6个找矿远景区。

根据延边北部地区航磁测量结果发现异常 217 处,首先,逐个地进行了初步分析解释发现,其中有 24 处与矿(化)有关。航磁资料中明显地反映出本区地质构造特征,如官地-大山咀子深断裂、沙河沿-牛心顶子-王峰楼村大断裂、石门-蛤蟆塘-天桥岭大断裂、延吉断陷盆地等。其次,对本区矿产分布远景进行了分析,提出了 1 个沉积变质型铁磷矿成矿远景区和 4 个矽卡岩型铁、铜、多金属成矿远景区。

鸭绿江沿岸地区航磁测量发现 288 处异常,其中 75 处异常为间接、直接找矿指示信息。确定了全区地质构造的基本轮廓,共划分 5 个构造区,确定了 53 条断裂(带),其中有 10 条是对本区构造格架起主要作用的边界断裂。根据异常分布特点,结合地质构造的有利条件、已知矿床(点)分布及化探资料,划分出 14 个成矿远景区,其中 8 个为Ⅰ级远景区。

三、化探

完成 1∶20 万区域化探工作 12.3 万 km^2,在吉林省重要成矿区(带)上完成 1∶5 万化探工作约 3 万 km^2,1∶20 万与 1∶5 万水系沉积物测量为吉林省区域化探积累了大量的数据及信息。工作程度见图 2-2-3。

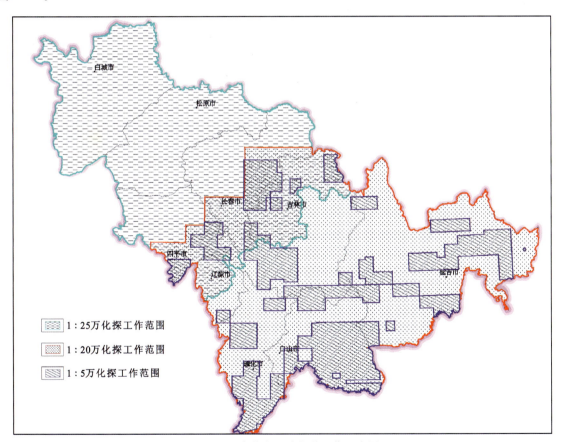

图 2-2-3 吉林省地球化学工作程度图

较充分地利用 1∶20 万区域化探资料,首次编制了吉林省地球化学综合异常图、吉林省地球化学图;根据元素分布分配的分区性,从成因上总结出两类区域地球化学场,一是反映成岩过程的同生地球化学场,二是成岩后的改造和叠生作用形成的后生或叠生地球化学场。

四、遥感

目前,吉林省遥感调查工作主要有"应用遥感技术对吉林省南部金-多金属成矿规律的初步研究""吉林省东部山区贵金属及有色金属矿产成矿预测"项目中的遥感图像地质解译,"吉林省 ETM 遥感图像制作"以及 2005 年由吉林省地质调查院完成的吉林省 1∶25 万 ETM 遥感图像制作。工作程度见图 2-2-4。

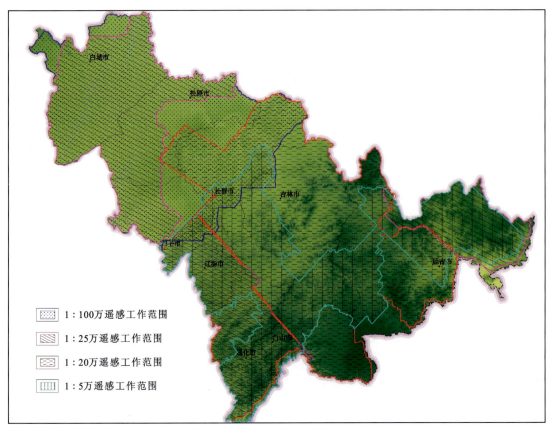

图 2-2-4 吉林省遥感工作程度图

1990 年,由吉林省地质遥感中心完成的"应用遥感技术对吉林省南部金-多金属成矿规律的初步研究"项目中,利用 1∶4 万彩红外航片,以目视解译及立体镜下观察为主,对吉林省南部的线性构造、环形构造进行解译,并圈定一系列成矿预测区及找矿靶区。

1992 年由吉林省地质矿产局完成的"吉林省东部山区贵金属及有色金属矿产成矿预测"中,以美国 4 号陆地卫星 1979 年、1984 年及 1985 年接收的 TM 数据 2、3、4 波段合成的 1∶50 万假彩色图像为基础进行目视解译。地质图上已划分出的断裂构造带均与遥感地质解译线性构造相吻合,而遥感解译地质图所划的线性构造比常规地质断裂构造要多,规模要大一些。因而绝大部分线性构造可以看成是各种断裂、破碎带、韧性剪切带的反映。区内已知矿床、矿点多位于规模在几千米至几十千米的线性构造上。而规模数百千米的大构造带上往往矿床(点)分布较少。

遥感解译出 624 个环形构造,这些环形构造的展布特征复杂、形态各异、规模不等,成因及地质意义也不尽相同。解译出岩浆侵入环形构造 94 个,隐伏岩浆侵入体环形构造 24 个,基底侵入岩环形构造 6 个,火山喷发环形构造 55 个,弧形构造围限环形构造 57 个,成因及地质意义不明的环形构造 388 个。

用类比方法圈定出Ⅰ级成矿预测区10个、Ⅱ级成矿预测区18个、Ⅲ级成矿预测区14个。

五、自然重砂

1∶20万自然重砂测量工作覆盖了吉林省东部山区。完成了1∶5万重砂测量工作图近20幅,大比例尺重砂工作很少。2001—2003年对1∶20万数据进行了数据库建设,吉林省在开展金刚石找矿工作时,对全省重砂资料进行了分析研究,但仅限于针对金刚石找矿方面的研究。

1993年完成的"吉林省东部山区贵金属及有色金属矿产成矿预测"工作中,对全省重砂资料进行了全面系统的研究工作。

第三节　矿产勘查和预测及成矿规律研究

截至2008年底,全省提交矿产勘查地质报告3000余份,已发现各种矿(化)点2000余处,矿产地1000余处。发现矿种158种(包括亚矿种),查明资源储量的矿种115种。全省共发现磷矿床7处,小型矿床7处。

吉林省磷矿勘查研究主要集中在1960年以后至1977年以前磷矿的找矿勘探工作上,磷矿预测及针对磷矿的成矿规律研究从未系统开展。

第四节　地质基础数据库现状

一、1∶50万数字地质图空间数据库

1∶50万地质图空间数据库是吉林省地质调查院于1999年12月完成的,该图是在原《吉林省1∶50万地质图》《吉林省区域地质志》基础上补充少量1∶20万和1∶5万地质图资料及相关研究成果,结合现代地质学、地层学、岩石学等新理论和新方法,地层按岩石地层单位、侵入岩按时代加岩性和花岗岩类谱系单位编制。此图库属数字图范围,没有GIS的图层概念,适用于小比例尺的地质底图,目前没有对其进行更新维护。

二、1∶20万数字地质图空间数据库

1∶20万地质图空间数据库,共计有33个标准和非标准图幅,由吉林省地质调查院完成,经中国地质调查局发展中心整理汇总后返交吉林省。该图库图层齐全,属性完整,建库规范,单幅质量较好。总体上因填图过程中认识不同,各图幅接边问题严重,并按本次工作要求进行了更新维护。

三、吉林省矿产地数据库

吉林省矿产地数据库于 2002 年建成,该库采用 DBF 和 ACCESS 两种格式保存数据,矿产地数据库更新至 2004 年,并按本次工作要求进行了更新维护。

四、物探数据库

1. 重力

吉林省完成东部山区 1∶20 万重力调查区 26 个图幅的建库工作,入库有效数据 23 620 个物理点,数据采用 DBF 格式保存且数据齐全。重力数据库只更新到 2005 年,主要是对数据库管理软件进行更新,数据内容与原库内容保持一致。

2. 航磁

吉林省航磁数据共由 21 个测区组成,总物理点数据 631 万个,比例尺分为 1∶5 万、1∶20 万、1∶50 万,在省内主要成矿区(带)多数有 1∶5 万数据覆盖。

因测区间数据没有调平处理,且没有飞行高度信息,数据采集方式有早期模拟的和后期数字的,精度为 0~100nT。若要有效地使用航磁资料,必须解决不同测区间数据调平问题。本次工作采用中国地质调查局自然资源航空物探遥感中心提供的航磁剖面和航磁网格数据。

五、遥感影像数据库

吉林省遥感解译工作始于 20 世纪 90 年代初期,由于当时工作条件和计算机技术发展的限制,缺少相关应用软件和技术标准,没能对解译成果进行相应的数据库建设。在此次资源总量预测期间,应用中国地质调查局自然资源航空物探遥感中心提供的遥感数据,建设吉林省遥感数据库。

六、区域地球化学数据库

吉林省化探数据主要以 1∶20 万水系测量数据为主并建立数据库,共有入库元素 39 个,原始数据点以 $4km^2$ 内原始采集样点的样品制作一个组合样。由于吉林省没有开展同比例尺的地球化学填图工作,因此没有进行数据更新工作。由于入库数据是采用组合样分析结果,因此入库数据不包含原始点位信息,这为通过划分汇水盆地确定异常和更有效地利用原始数据带来一定困难。

七、1∶20 万自然重砂数据库

自然重砂数据库的建设与 1∶20 万地质图库建设基本保持同步。入库数据 35 个图幅,采样

47 312 个点,涉及矿物 473 个,入库数据内容齐全,并有相应空间数据采样点位图层。数据采用 ACCESS 格式保存。目前没有对其进行更新维护。

八、工作程度数据库

吉林省地质工作程度数据库由吉林省地质调查院于 2004 年完成,内容全面,涉及地质、物探、化探、矿产、勘查、水文等内容。数据库中基本反映了中华人民共和国成立后吉林省地质调查和矿产勘查工作程度。采集的资料截止到 2002 年,并按本次工作要求进行了更新维护。

第三章 地质矿产概况

第一节 成矿地质背景

吉林省的磷矿主要为沉积型和沉积变质型。与磷矿成矿有关的地层主要为古元古界老岭（岩）群珍珠门岩组，新元古界塔东岩群拉拉沟岩组，寒武系水洞组。

珍珠门岩组（$Pt_1z.$）：位于旱沟板岩之下南华系白房子组或钓鱼台组之下，由碳质白云质大理岩、白云质大理岩、透闪石化硅质白云质大理岩组成，厚度952.2 m。该岩组中含贫磷矿体或矿化体。

拉拉沟岩组（$Pt_3l.$）：由斜长角闪岩、磁铁斜长角闪岩、角闪岩、透辉斜长变粒岩和少量浅粒岩、透辉石榴变粒岩和磁铁绿帘石岩构成，厚度大于865.9 m。为与铁矿伴生的磷矿含矿层位。

水洞组（ϵ_1s）：指八道江组藻灰岩之上的紫色含磷碎岩系，由黄绿色、紫红色粉砂岩、含海绿石和胶磷矿砾石细砂岩、杂色胶磷砾岩、粉砂质磷块岩、铁质磷块岩夹粉砂质细砂岩和钙质粉砂岩组成。产小壳类和遗迹化石。厚度45.2 m。

第二节 区域矿产特征

一、成矿特征

吉林省查明磷矿石资源储量12.04×10^4 t。磷矿成因类型主要是沉积型磷矿和沉积变质型磷矿。

吉林省的磷矿多为低于工业品位磷矿，有害成分含量较高，P_2O_5含量8.35%～13.12%，Al_2O_3含量1.3%～7.12%，Fe_2O_3含量0.8%～12.55%，CaO含量23.6%～34%，MgO含量8.42%～20.19%。由于矿体规模较小，多低于工业品位，不具工业价值或近期难以利用，在1980年以后吉林省停止了磷矿的勘查工作。矿产地成矿特征见表3-2-1。

表 3-2-1　吉林省涉磷矿矿产地成矿特征一览表

编号	矿产地名	成矿类型	矿产规模	主矿产储量/万 t	成矿时代	矿体空间组合类型
1	通化水洞磷矿	海相沉积型	中型	236.989 990 2	寒武纪	层状矿体
2	通化干沟磷矿	海相沉积型	小型	19.444 999 7	寒武纪	层状矿体-似层状矿体
3	白山市板石沟磷矿	沉积变质型	小型	8.340 000 2	古元古代	层状矿体-似层状矿体
4	白山市上青沟磷矿	沉积变质型	中型	280.953 002 9	古元古代	层状矿体-透镜状矿体
5	浑江砟窑沟磷矿	沉积变质型	小型	0	古元古代	层状矿体
6	浑江市大顶子磷矿	沉积变质型	小型	23.347 999 6	古元古代	似层状矿体-扁豆状矿体
7	靖宇天合兴磷矿	沉积变质型	小型	44.798 999 0	新太古代	扁豆状矿体
8	临江市珍珠门磷矿	沉积变质型	小型	8.201 999 7	古元古代	层状矿体-似层状矿体
9	四平市山门水库东侧磷矿	岩浆型	小型	0	晚奥陶世	似层状矿体
10	四平市山门磷矿	岩浆型	小型	11.556 340 0	晚奥陶世	似层状矿体

二、矿产预测类型划分及其分布范围

吉林省磷矿平均品位10.67%，未达到现行磷块岩矿床工业品位(15%～18%)、磷灰石工业品位(10%～12%)，但为了矿产资源潜力评价工作在本省磷矿预测中的开展，选择吉林省较典型且有一定规模的水洞式沉积型磷矿作为预测区，对品位较高的沉积磷块岩类型进行预测。预测区分布在通化地区的鸭园-六道江地区。

第三节　区域地球物理、地球化学、遥感、自然重砂特征

一、区域地球物理特征

(一)重力

1. 岩(矿)石密度

(1)各大岩类的密度特征。沉积岩的密度值小于岩浆岩和变质岩。不同岩性间的密度值变化情况：沉积岩$(1.51\sim2.96)\times10^3 kg/m^3$；变质岩$(2.12\sim3.89)\times10^3 kg/m^3$；岩浆岩$(2.08\sim3.44)\times10^3 kg/m^3$。喷出岩的密度值小于侵入岩的密度值，吉林省各类岩(矿)石密度参数值见图3-3-1。

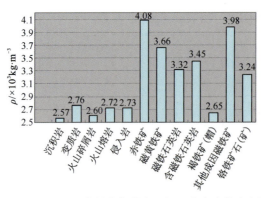

图 3-3-1　吉林省各类岩(矿)石密度参数直方图

(2)不同时代各类地质单元岩石密度变化规律。不同时代地层单元岩系总平均密度存在差异,其值大小随时代由新到老呈增大的趋势,地层时代越老,密度值越大;新生界(2.17×10^3 kg/m³),中生界(2.57×10^3 kg/m³),古生界(2.70×10^3 kg/m³),元古宇(2.76×10^3 kg/m³),太古宇(2.83×10^3 kg/m³),由此可见新生界的密度值均小于前各时代地层单元的密度值,各时代均存在密度差(图3-3-2)。

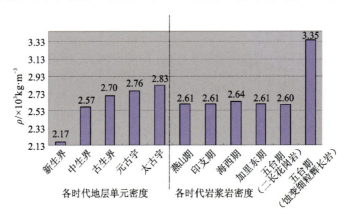

3-3-2　吉林省各时代地层及岩浆岩密度参数直方图

2.区域重力场基本特征及其地质意义

(1)区域重力场特征:在全省重力场中,宏观呈现"二高一低"重力区,西北部及中部为重力高、东南部为重力低的基本分布特征。最低值在白头山—长白一线;高值区出现在大黑山条垒区;瓦房镇—东屏镇为另一高值区;洮南、长岭一带异常较为平缓,呈小的局域特点分布;中部及东南部布格重力异常等值线大多呈北东向展布,大黑山条垒,尤其是辉南—白山—桦甸—黄泥河镇一带,等值线展布方向及局部异常轴向均呈北东向。北部桦甸—夹皮沟—和龙一带,等值线则多以北西向为主,向南逐渐变为东西向,至漫江则转为南北向,围绕长白山天池(白头山天池)呈弧形展布,延吉、珲春一带也呈近弧状展布。

(2)深部构造特征:重力场值的区域差异特征反映了莫霍面及康氏面的变化趋势,曲线的展布特征则反映了明显的地质构造及岩性特征的规律性。从莫霍面图上可见,西北部及东南两侧呈平缓椭圆状或半椭圆状,西北部洮南-干安为幔坳区,中部松辽为幔隆区,中部为北东走向的斜坡,东南部为张广才岭-长白山地幔坳陷区,而东部延吉-珲春-汪清为幔凸区。安图—延吉、柳河—桦甸一带出现的北西向及北东向等深线梯度带反映了华北板块北缘边界断裂的存在。深部构造的分析结果反映了不同地壳演化史形成不同地质体(图 3-3-3、图 3-3-4)。

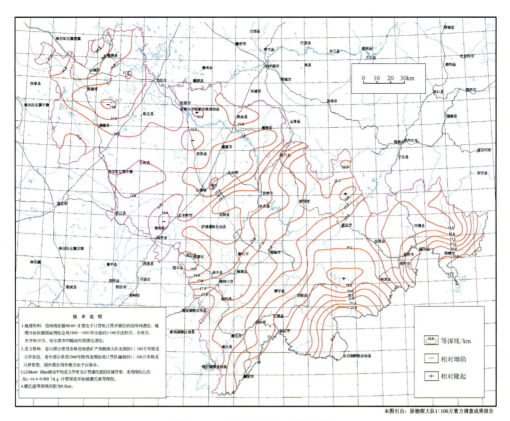

图 3-3-3 吉林省康氏面等深度图

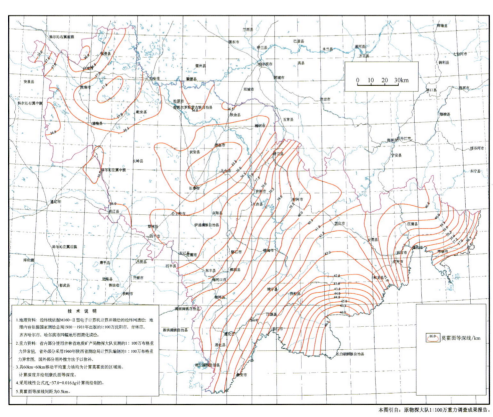

图 3-3-4 吉林省莫霍面等深度图

3. 区域重力场分区

依据重力场分区的原则,吉林省划分为南北两个Ⅰ级重力异常区。重力场分区见表3-3-1。

表3-3-1 吉林省重力场分区一览表

Ⅰ	Ⅱ	Ⅲ	Ⅳ
Ⅰ1 白城-吉林-延吉复杂异常区	Ⅱ1 大兴安岭东麓异常区	Ⅲ1 乌兰浩特-哲斯异常分区	Ⅳ1 瓦房镇-东屏镇正负异常小区
	Ⅱ2 松辽平原低缓异常区	Ⅲ2 兴龙山-边昭正负异常分区	(1)重力低小区;(2)重力高小区
		Ⅲ3 白城-大岗子低缓负异常分区	(3)重力低小区;(4)重力高小区;(5)重力低小区;(6)重力高小区
		Ⅲ4 双辽-梨树负异常分区	(7)重力高小区;(11)重力低小区;(20)重力高小区;(21)重力低小区
		Ⅲ5 干安-三盛玉负异常分区	(8)重力低小区;(9)重力高小区;(10)重力高小区;(12)重力低小区;(13)重力低小区;(14)重力高小区
		Ⅲ6 农安-德惠正负异常分区	(17)重力高小区;(18)重力高小区;(19)重力高小区
		Ⅲ7 扶余-榆树负异常分区	(15)重力低小区;(16)重力低小区
	Ⅱ3 吉林中部复杂正负异常区	Ⅲ8 大黑山正负异常分区	
		Ⅲ9 伊通-舒兰带状负异常分区	
		Ⅲ10 石岭负异常分区	Ⅳ2 辽源异常小区
			Ⅳ3 椅山-西堡安异常低值小区
		Ⅲ11 吉林弧形复杂负异常分区	Ⅳ4 双阳-官马弧形负异常小区
			Ⅳ5 大黑山-南楼山弧形负异常小区
			Ⅳ6 小城子负异常小区
			Ⅳ7 蛟河负异常小区
		Ⅲ12 敦化复杂异常分区	Ⅳ8 牡丹岭负异常小区
			Ⅳ9 太平岭-张广才岭负异常小区
	Ⅱ4 延边复杂负异常区	Ⅲ13 延边弧状正负异常区	
		Ⅲ14 五道沟弧线形异常分区	
Ⅰ2 龙岗-长白半环状低值异常区	Ⅱ5 龙岗复杂负异常区	Ⅲ15 靖宇异常分区	Ⅳ10 龙岗负异常小区
			Ⅳ11 白山负异常小区
			Ⅳ12 和龙环状负异常小区
		Ⅲ16 浑江负异常低值分区	Ⅳ13 清和复杂负异常小区
			Ⅳ14 老岭负异常小区
			Ⅳ15 浑江负异常小区
	Ⅱ6 八道沟-长白异常区	Ⅲ17 长白负异常分区	

4. 深大断裂

吉林省地质构造复杂,在漫长的地质历史演变中,经历过多次地壳运动,在各个地质发展阶段和各个时期的地壳运动中,均相应形成了一系列规模不等、性质不同的断裂。这些断裂,尤其是深大断裂一般都经历了长期的、多旋回的发展过程,它们与吉林省地质构造的发展、演化及成岩成矿作用有着密切的关系。结合前人的工作,本次按切割地壳深度规模大小、控岩控矿作用以及展布形态等将断裂类型大致分为超岩石圈断裂、岩石圈断裂、壳断裂和一般断裂及其他断裂。

1)超岩石圈断裂

吉林省超岩石圈断裂只有一条,称中朝准地台北缘超岩石圈断裂。它系指赤峰-开源-辉南-和龙深断裂。这条超岩石圈断裂横贯吉林省南部,由辽宁省西丰县进入吉林省海龙镇、桦甸市,过老金厂村、夹皮沟、和龙市,向东延伸至朝鲜境内,是一条规模巨大、影响很深、发育历史长久的断裂构造带。实际上它是中朝准地台和天山-兴隆地槽的分界线。总体走向为东西向,省内长达260km,宽5~20km。由于受后期断裂的干扰、错动,早期断裂痕迹不易辨认,并且使走向在不同地段发生北东、北西向偏转和断开、位移,从而形成了现今平面上具有折断状的断裂构造(图3-3-5)。

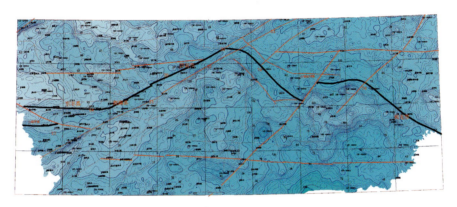

图3-3-5 赤峰-开源-辉南-和龙超岩石圈断裂布格重力异常图

(1)重力场基本特征:断裂线在布格重力异常平面图上呈北东向、东西向密集梯度带排列,南侧为环状、椭圆形,西部断裂以北东向的重力异常为主。这种不同性质重力场的分界线,无疑是断裂存在的标志。从东丰到辉南段为重力梯度带,梯度较陡;夹皮沟到和龙段,也是重力梯度带,水平梯度走向有变化,应该是被多个断裂错断所致,但梯度较密集。在重力场上延10km、20km,以及重力垂向一阶导数、二阶导数图上,该断裂更为显著,东丰经辉南到桦甸折向和龙。除东丰到辉南一带为线状的重力高值带外,其余均为线状重力低值带,它们的极大值和极小值便是该断裂线的位置。从莫霍面等深度图上可见:该断裂只在个别地段有某些显示,说明该断裂切割深度并非连续均匀。西丰至辉南段表现同向扭曲,辉南至桦甸段显示不出断裂特征,而桦甸至和龙段有同向扭曲,表明有断裂存在。在莫霍面图上表示深度为37~42km,从而断定此断裂在部分地段已切入上地幔。

(2)地质特征:小四平—海龙一带,断裂南侧为太古宇夹皮沟岩群、新元古界色洛河岩群,北侧为早古生代地槽型沉积。断裂明显发育在海西期花岗岩中。柳树河子至大浦柴河一带有基性—超基性岩平行断裂展布,和龙至白金一带有大规模的花岗岩体展布。因此,此断裂为超岩石圈断裂。

2) 岩石圈断裂

吉林省岩石圈断裂主要是伊通-舒兰断裂带。该断裂带沿二龙山水库—伊通—双阳—舒兰呈北东方向延伸,过黑龙江依兰—佳木斯—萝北进入俄罗斯境内。该断裂于二龙山水库,被北东向四平-德惠断裂带所截。在吉林省内由两条相互平行的北东向断裂构成,宽15~20km,走向45°~50°,省内长达260km。在其狭长的"槽地"中,沉积了厚2000多米的中新生代陆相碎屑岩,其中古近纪＋新近纪沉积物厚度应有1000多米,从而形成了狭长的伊通-舒兰地堑盆地。

重力场特征:断裂带重力异常梯度带密集,呈线状,走向明显,在吉林省布格重力异常垂向一阶、二阶导数平面图,及滑动平均(30km×30km、14km×14km)剩余重力异常平面图上可见延伸狭长的重力低值带,在其两侧狭长延展的重力高值带的衬托下,该重力低值异常带显著,宽窄不断变化,并呈非均匀展布,在伊通至乌拉街一带稍宽大些,该段分别被东西向重力异常隔开,这说明在形成过程中受东西向构造影响(图3-3-6)。

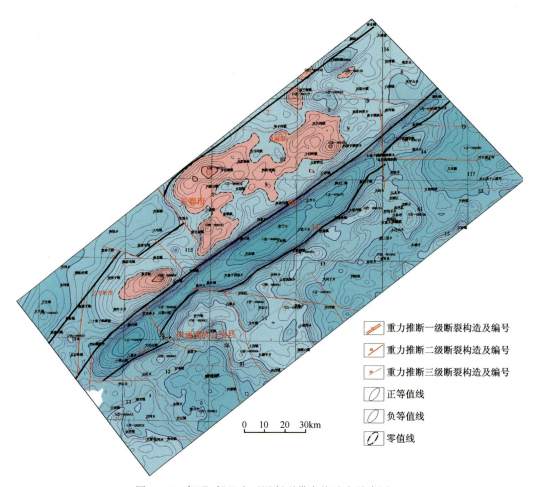

图3-3-6 伊通-舒兰岩石圈断裂带布格重力异常图

从重力场上延5km、10km、20km等值线平面图上看,该断裂显示尤为清晰、醒目,线状重力低值带与重力高值带相依为伴,并行延展,它们的极小值与极大值便是该断裂在重力场上的反映。重力二阶导数的零值及剩余重力异常图的零值为圈定断裂提供了更为准确可靠的依据。

再从莫霍面图和康氏面等深图及滑动平均(60km×60km)剩余重力异常图上可知,该断裂显示此段等值线密集,重力梯度带十分明显;双阳至舒兰段,莫霍面及康氏面等厚线密集,形状规则,呈线状展布。沿断裂方向莫霍面深度为36~37.5km,断裂的个别地段已切入下地幔。由上述重力特征可见,此断裂反映了岩石圈断裂定义的各个特征。

（二）航磁

1. 区域岩（矿）石磁性参数特征

根据收集的岩（矿）石磁性参数整理统计，吉林省岩（矿）石的磁性强弱可以分成4个等级，即极弱磁性（$K<300×4π×10^{-6}$SI）、弱磁性（$300×4π×10^{-6}$SI$≤K<2100×4π×10^{-6}$SI）、中等磁性（$2100×4π×10^{-6}$SI$≤K<5000×4π×10^{-6}$SI）、强磁性（$K≥5000×4π×10^{-6}$SI）。

（1）沉积岩基本上无磁性，但是四平、通化地区的砾岩和砂砾岩显示弱的磁性。

（2）变质岩类，正常沉积的变质岩大都无磁性。角闪岩、斜长角闪岩普遍显中等磁性，而通化地区的斜长角闪岩、吉林地区的角闪岩具有弱磁性。片麻岩、混合岩在不同地区具不同的磁性，吉林地区该类岩石具较强磁性，延边及四平地区则为弱磁性，而在通化地区则无磁性。总的来看，变质岩的磁性变化较大，有的岩石在不同地区有明显差异。

（3）火山岩类岩石普遍具有磁性，并且具有从酸性火山岩→中性火山岩→基性—超基性火山岩由弱到强的变化规律。岩浆岩中酸性岩浆岩磁性变化范围较大，可由无磁性变化到有磁性。其中吉林地区的花岗岩具有中等程度的磁性，而其他地区花岗岩类多为弱磁性，延边地区的部分酸性岩表现为无磁性。四平地区的碱性岩-正长岩表现为强磁性。吉林、通化地区的中性岩磁性为弱—中等强度，而在延边地区则为弱磁性。基性—超基性岩类除在延边和通化地区表现为弱磁性外，其他地区则为中等—强磁性。

（4）磁铁矿及含铁石英岩均为强磁性，而有色金属矿矿石一般来说均不具有磁性。

以总的趋势来看，各类岩石的磁性基本上按沉积岩、变质岩、火山岩的顺序逐渐增强（图3-3-7）。

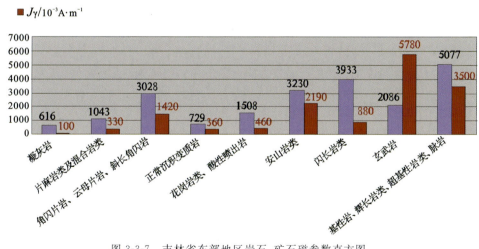

图 3-3-7　吉林省东部地区岩石、矿石磁参数直方图

2. 吉林省区域磁场特征

吉林省在航磁图上基本反映出3个不同场区特征，东部山区敦化-密山断裂以东地段，以东升高波动的老爷岭长白山磁场区，该磁场区向东分别进入俄罗斯和朝鲜境内，向南、向北分别进入辽宁省和黑龙江省；敦化-密山断裂以西，四平、长春、榆树以东的中部为丘陵区，磁异常强度和范围都明显低于东部山区磁异常，向南、向北分别进入辽宁省和黑龙江省；西部为松辽平原中部地段，为低缓平稳的松辽磁场区，向南、向北亦分别进入辽宁省及黑龙江省。

1）东部山区磁场特征

东部山地北起张广才岭,向西南延至柳河,与通化交界的龙岗山脉以东地段。该区磁场以大面积正异常为主要特征,一般磁异常极大值为500~600nT,大蒲柴河—和龙一线为华北地台北缘东段一级断裂(超岩石圈断裂)的位置。

(1)大蒲柴河—和龙以北区域磁场特征。在大蒲柴河—和龙以北区域,航磁异常整体上呈北西走向,两块宽大北西走向正磁场区之间夹北西走向宽大的负磁场区,正磁场区和负磁场区上的各局部异常走向大多为北东向。异常极大值为300~550nT。航磁正异常主要是晚古生代以来花岗岩、花岗闪长岩及中新生代火山岩磁性的反映。磁异常整体上呈北西走向主要是与区域上的一级、二级断裂构造方向及局部地体的展布方向为北西走向有关,而局部异常走向北东向主要是受次级的二级、三级断裂构造及更小的局部地体分布方向所控制。

(2)大蒲柴河—和龙以南区域磁场特征。在大蒲柴河—和龙以南区域,即东南部地台区,西部以敦化-密山断裂为界,北部以地台北缘断裂带为界,西南到吉林和辽宁省界,东南到中国和朝鲜国界。

靠近敦化-密山断裂带和地台北缘断裂带的磁场以正场区为主,磁异常走向大致与断裂带平行。

西部正异常强度为100~400nT,走向以北东向为主,正背景场上的局部异常梯度陡,主要反映的是太古宙花岗质、闪长质片麻岩,中太古代变质表壳岩及中生代火山岩的磁场特征。

北部靠近地台北缘断裂带的磁场区,以北西走向为主,强度为150~450nT,正背景场上的局部异常梯度陡,靠近北缘断裂带的磁异常以串珠状形式向外延展,总体呈弧形或环形异常带。

西支的弧形异常带从松山、红石、老金厂、夹皮沟、新屯子、万良到抚松,围绕龙岗地块的东北侧外缘分布,主要是中太古代闪长质片麻岩、中太古代变质表壳岩、新太古代变质表壳岩、寒武纪花岗闪长岩磁性的反映。中太古代变质表壳岩、新太古代变质表壳岩是含铁的主要层位。

东支的环形异常带从二道白河、两江、万宝、和龙到崇善以北区域,主要围绕和龙地块的边缘分布,各局部异常则多以东西走向为主,但异常规模较大,异常梯度也陡。大面积中等强度航磁异常主要是中太古代花岗闪长岩的反映,强度较低的异常主要由侏罗纪花岗岩引起,半环形磁异常上几处强度较高的局部异常则是由强磁性的玄武岩和新太古代表壳岩、太古宙变质基性岩引起。对应此半环形航磁异常,有一个与之基本吻合的环形重力高异常,这也说明环形异常主要为新太古代表壳岩、中太古代变质基性岩引起。特别在半环形磁异常上东段的几处局部异常,结合剩余重力异常为重力高的特征,推断为半隐伏、隐伏新太古代表壳岩和中太古代变质基性岩引起的异常,具备寻找隐伏磁铁矿的前景。

中部以大面积负磁场区为主,是吉南元古宙裂谷区内的碳酸盐岩、碎屑岩及变质岩的磁异常的反映,大面积负磁场区内的局部正异常主要是中生代中酸性侵入岩体及中—新生代火山岩磁性的反映。

南部长白山天池(白头山天池)地区,是一片大面积的正负交替、变化迅速的磁场区,磁异常梯度大,强度为350~600nT,是大面积玄武岩的反映。

(3)敦化-密山断裂带磁场特征:敦化-密山深大断裂带,在吉林省内长250km,宽5~10km,走向北东,是由一系列平行的、呈雁行排列的次一级断裂组成的一个相当宽的断裂带。它的北段在磁场图上显示一系列正负异常剧烈频繁交替的线性延伸异常带,是一条由第三纪(古近纪+新近纪)玄武岩沿断裂带喷溢填充的线性岩带。这条呈线性展布的岩带,正是断裂带的反映。

2)中部丘陵区磁场特征

东起张广才岭—富尔岭—龙岗山脉一线以西,四平、长春、榆树以东的中部为丘陵区。该区磁场特征可分为以下4种。

(1)大黑山条垒场区:航磁异常呈楔形,南窄北宽,各局部异常以北东走向为主,以条垒中部为界,南部异常范围小、强度低,北部异常范围大、强度大,最大值达到350~450nT。航磁异常主要由中生代中酸性侵入岩体引起。

(2)舒兰-伊通地堑:为中新生代沉积盆地,磁场为大面积北东走向的负场区,西侧陡,东侧缓,负场区中心靠近西侧,说明西侧沉积厚度比东侧深。

(3)南部石岭隆起区:异常多数呈条带状分布,走向以北西向为主,南侧异常强度为100~200nT。

南侧异常为东西走向,这与所处石岭隆起区域北西向断裂构造带有关,这些北西走向的各个构造单元控制了磁异常分布形态特征。异常主要与中生代中酸性侵入岩体有关。石岭隆起区北侧为盘双接触带,接触带附近的负场区对应晚古生代地层。

(4)北侧吉林复向斜:区内航磁异常大部分为晚古生代和中生代中酸性侵入岩体引起。

3)平原区磁场特征

吉林西部为松辽平原中部地段,两侧为一宽大的负异常,表明该地段为中—新生代正常沉积岩层的磁场。这是岩相岩性较为典型的湖相碎屑沉积岩,沉积韵律稳定,厚度巨大,产状平稳,火山活动很少,岩石中缺少铁磁性矿物组分,松辽盆地中中—新生代沉积岩磁性极弱,因此在这套中—新生代地层上显示为单调平稳的负磁场,强度为-150~-50nT。

二、区域地球化学特征

(一)元素分布及浓集特征

1. 元素的分布特征

经过对全省1∶20万水系沉积物测量数据的系统研究,依据地球化学块体的元素专属性,编制了吉林省中东部地区地球化学元素分区及解释推断地质构造图(图3-3-8),并在此基础上编制了主要成矿元素分区及解释推断图(图3-3-9)。

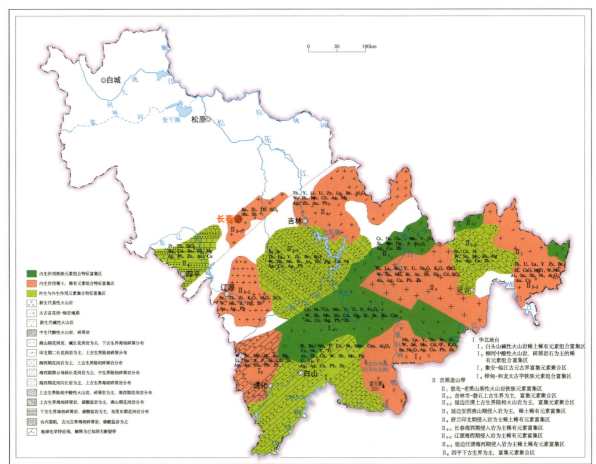

图3-3-8 中东部地区地球化学元素分区及解释推断地质构造图

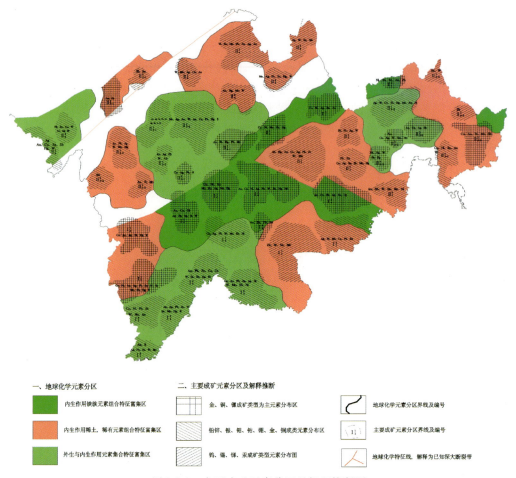

图 3-3-9 主要成矿元素分区及解释推断图

铁族元素组合特征富集区的地质背景是吉林省新生界基性火山岩、太古宙花岗-绿岩地体的主要分布区,主要表现的是 Cr、Ni、Co、Mn、V、Ti、P、Fe_2O_3、W、Sn、Mo、Hg、Sr、Au、Ag、Cu、Pb、Zn 等元素氧化物的高背景区(元素富集场),尤以太古宙花岗-绿岩地体表现突出,是吉林省金、铜成矿的主要矿源层位。

图 3-3-9 更细致地划分出主要成矿元素的分布特征,例如在太古宙花岗-绿岩地体内,划分出 5 处 Au、Ag、Ni、Cu、Pb、Zn 成矿区域,构成本省重要的金、铜成矿带。

内生作用稀有、稀土元素组合特征富集区,主要表现的是 Th、U、La、Be、Li、Nb、Y、Zr、Sr、Na_2O、K_2O、MgO、CaO、Al_2O_3、Sb、F、B、As、Ba 、W、Sn、Mo、Au、Ag、Cu、Pb、Zn 等元素的高背景区,主要的成矿元素为 Au、Cu、Pb、Zn 、W、Sn、Mo,尤以 Au、Cu、Pb、Zn、W 表现优势。地质背景为新生代碱性火山岩,中生代中酸性火山岩、火山碎屑岩,以及以海西期、印支期、燕山期为主的花岗岩类侵入体。

外生与内生作用元素组合特征富集区,以槽区分布良好,主要表现的是 Sr、Cd、P、B、Th、U、La、Be、Zr、Hg、W、Sn、Mo、Au、Cu、Pb、Zn、Ag 等元素富集场,主要的成矿元素为 Au、Cu、Pb、Zn。地质背景为古元古代、古生代的海相碎屑岩、碳酸盐岩以及晚古生代的中酸性火山岩、火山碎屑岩,同时有海西期、燕山期的侵入岩体分布。

2. 元素的浓集特征

应用1:20 万化探数据,计算全省 8 个地质子区的元素算术平均值,结果如图 3-3-10 所示。通过与全省元素算术平均值和地壳克拉克值对比,可以进一步量化吉林省 39 种地球化学元素区域性分布趋势和浓集特征。

按照元素平均含量从高到低排序为：SiO_2、Al_2O_3、Fe_2O_3、K_2O、MgO、CaO、NaO、Ti、P、Mn、Ba、F、Zr、Sr、V、Zn、Sn、U、W、Mo、Sb、Bi、Cd、Ag、Hg、Au，表现出造岩元素→微量元素→成矿系列元素含量由高到低的总体变化趋势，说明全省26种元素（包括氧化物）在区域上的分布符合元素在空间上的变化规律，这对研究本省元素在各种地质体中的迁移、富集、贫化有重要意义。

图 3-3-10　吉林省地质子区划分图

从整体上看，主要成矿元素 Au、Cu、Zn、Sb 在 8 个子区内的均值比地壳克拉克值要低。Au 元素能够在本省重要的成矿带上富集成矿，说明 Au 元素的富集能力超强，而且在另一方面也表明在本省重要的成矿带上，断裂构造非常发育，岩浆活动极其频繁，使得 Au 元素在后期叠加地球化学场中变异、分散的程度更强烈。

Cu、Sb 元素在 8 个子区内的分布呈低背景状态，而且其富集能力较 Au 元素弱，因此 Cu、Sb 元素在本省重要的成矿带上富集成矿的能力处于弱势，成矿规模偏小。

而 Pb、W、稀土元素含量平均值高于地壳克拉克值，显示高背景值状态，对成矿有利。

特别需要说明的是，7 子区为白头山火山岩覆盖层，属特殊景观区，Nb、La、Y、Be、Th、Zr、Ba、W、Sn、Mo、F、Na_2O、K_2O、Au、Cu、Pb、Zn 等元素均呈高背景值状态分布，是否具备矿化富集需进一步研究。

8 个地质子区元素含量平均值与地壳克拉克值的比值大于 1 的元素有 As、B、Zr、Sn、Be、Pb、Th、W、Li、U、Ba、La、Y、Nb、F，如果按属性分类，Ba、Zr、Be、Th、W、Li、U、Ba、La、Nb、Y 均为亲石元素，与酸碱性的花岗岩浆侵入关系密切，在 2 地质子区、3 地质子区、4 地质子区广泛分布。As、Sn、Pb 为亲硫元素，是热液型硫化物成矿的反映，查看异常图，As、Sn、Pb 在 2 地质子区、3 地质子区、4 地质子区亦有较好的展现。尤其是 As(4.19)、B(4.01)，显示出较强的富集态势，而 As 为重矿化剂元素，来自于深源构造，对寻找矿体具有直接指示作用。B、F 属气成元素，具有较强的挥发性，是酸性岩浆活动的产物，As、B 的强富集反映出岩浆活动、构造活动的发育，也反映出吉林省东部山区后生地球化学改造作用的强烈，对吉林省成岩、成矿作用影响巨大。这一点与 Au 元素富集成矿所表现出来的地球化学意义相吻合。

8 个地质子区元素含量平均值与全省元素含量平均值比值的研究表明，主要成矿元素 Au、Ag、Cu、Pb、Zn、Ni 相对于全省元素含量平均值，在 4 地质子区、5 地质子区、6 地质子区、7 地质子区、8 地质子区的富集系数都大于 1 或接近 1，说明 Au、Ag、Cu、Pb、Zn、Ni 在上述地质区域内处于较强的富集状态，说明吉林省的台区为高背景值区,是重点找矿区域。区域成矿预测表明,4 地质子区、5 地质子区、6 地质子区、7 地质子区、8 地质子区是吉林省贵金属、有色金属的主要富集区域,著名的大、中型矿床均聚于此。

在 2 地质子区中,Ag、Pb 富集系数都为 1.02,Au、Cu、Zn、Ni 的富集系数都接近 1,也显示出较好的富集趋势,值得重视。

W、Sb 的富集态势总体显示较弱,只在 1 地质子区、2 地质子区和 6 地质子区、7 地质子区表现出一定富集趋势,表明在表生介质中元素富集成矿的能力呈弱势。这与吉林省钨、锡矿产的分布特点相吻合。

稀土元素除 Nb 以外,Y、La、Zr、Th、Li 在 1 地质子区、2 地质子区和 7 地质子区、8 地质子区的富集系数都大于 1 或接近 1,显示一定的富集状态,是稀土矿预测的重要区域。

Hg 是典型的低温元素,一方面,可作为前缘指示元素用于评价矿床剥蚀程度;另一方面,可作为远程指示元素,是预测深部盲矿的重要标志。富集系数大于 1 的子区有 3 地质子区、5 地质子区、6 地质子区,显示 Hg 元素在吉林省主要的成矿区,对于金、银、铜、铅、锌的预测可起到重要作用。

(二)区域地球化学场特征

全省可以划分为以铁族元素为代表的同生地球化学场,以稀有、稀土元素为代表的同生地球化学场,以及以亲石、碱土金属元素为代表的同生地球化学场。本次根据元素的因子分析图示,对以往的构造地球化学分区进行适当修整,结果如图 3-3-11 所示。

图 3-3-11 吉林省中东部地区同生地球化学场分布图

三、区域遥感特征

(一)区域遥感特征分区及地貌分区

吉林省遥感影像图是利用 2000—2002 年接收的吉林省境内 22 景 ETM 数据经计算机录入、融合、校正并镶嵌后,选择 B7、B4、B3 三个波段分别赋予红、绿、蓝后形成的假彩色图像。

吉林省的遥感影像特征可按地貌类型分为长白山中低山区,包括张广才岭、龙岗山脉及其以东的广大区域,遥感图像上主要表现为绿色、深绿色,中山地貌,除山间盆地谷地及玄武岩台地外,其他地区地形切割较深,地形较陡,水系发育。长白山低山丘陵区西部以大黑山西麓为界,东至蛟河-辉发河谷地,多由海拔500m以下的缓坡宽谷的丘陵组成,沿河一带发育成串的小盆地群或长条形地堑,其遥感影像特征主要表现为绿色—浅绿色,山脚及盆地多显示为粉色或藕荷色,低山丘陵地貌,地形坡度较缓,冲沟较浅,植被覆盖度为30%～70%。大黑山条垒以西至白城西岭下镇为松辽平原部分,东部为台地平原区,又称大黑山山前台地平原区,地面高度在200～250m之间,地形呈波状或浅丘状;西部为低平原区,又称冲积湖积平原或低原区,该区地势最低,海拔为110～160m,为大面积冲湖积物,湖泡周边及古河道发生极强的土地盐渍化,遥感图像上显示为粉色、浅粉色及粉白色,西南部发育土地沙化,呈沙垄、沙丘等,遥感图像上为砖红色条带状或不规则块状。岭下镇以西,为大兴安岭南麓,属低山丘陵区,遥感图像上显示为红色及粉红色,丘陵地貌,多以浑圆状山包显示,冲沟极浅,水系不甚发育。

(二)区域地表覆盖类型及其遥感特点

长白山中低山区及低山丘陵区,植被覆盖度高达70%,并且多以乔、灌木林为主,遥感图像上主要表现为绿色、深绿色;盆地或谷地主要表现为粉色或藕荷色,主要被农田覆盖。松辽平原区东部为台地平原,此区为大面积新生代冲洪积物,为吉林省重要产粮基地,地表被大面积农田覆盖,遥感图像上为绿色或紫红色;西部为低平原区,又称冲积湖积平原或低原区,该区地势最低,海拔为110～160m,为大面积冲湖积物,湖泡周边及古河道发生极强的土地盐渍化,遥感图像上显示为粉色、浅粉色及粉白色,西南部发育土地沙化,呈沙垄、沙丘等,遥感图像上为砖红色条带状或不规则块状。岭下镇以西为大兴安岭南麓,属低山丘陵区,植被较发育,多以低矮草地为主,遥感图像上显示为红色及粉红色。

(三)区域地质构造特点及其遥感特征

吉林省地跨两大构造单元,大致以开原—山城镇—桦甸—和龙连线为界,南部为中朝准地台,北部为天山-兴安地槽区,槽台之间为一规模巨大的超岩石圈断裂带(华北地台北缘断裂带),遥感图像上主要表现为近东西走向的冲沟、陡坎和两种地貌单元界线,并伴有与之平行的糜棱岩带形成的密集纹理。吉林省内的大型断裂全部表现为北东走向,它们多为不同地貌单元的分界线,或对区域地形地貌有重大影响,遥感图像上多表现为北东走向的大形河流、两种地貌单元界线,北东向排列陡坎等。吉林省的中型断裂表现在多方向上,主要有北东向、北西向、近东西向和近南北向,它们以成带分布为特点,单条断裂长度十几千米至几十千米,断裂带长度几十千米至百余千米,其遥感影像特征主要表现为冲沟、山鞍、洼地等,控制二级、三级水系。小型断裂遍布吉林省的低山丘陵区,规模小,分布规律不明显,断裂长几千米至十几千米或数十千米,遥感图像上主要表现为小型冲沟、山鞍或洼地。

吉林省的环状构造比较发育,遥感图像上多表现为环形或弧形色线、环状冲沟、环状山脊,偶尔可见环形色块,规模从几千米到几十千米,大者可达数百千米,分布具有较强的规律性,主要分布于北东向线性构造带上,尤其是该方向线性构造带与其他方向线性构造带交会部位,环形构造成群分布;块状影像主要反映北东向相邻线性构造形成的挤压透镜体,以及北东向线性构造带与其他方向线性构造带交会形成的棱形块状或眼球状块体,分布明显受北东向线性构造带控制。

四、区域自然重砂特征

1. 铁族矿物:磁铁矿、黄铁矿、铬铁矿

磁铁矿在吉林省中东部地区分布较广,在放牛沟地区、头道沟-吉昌地区、塔东地区、五凤预测地区以及闹枝-棉田地区集中分布。磁铁矿的这一分布特征与吉林省航磁△T等值线相吻合;黄铁矿主要分布在通化、白山、龙井、图们地区。铬铁矿分布较少,只在香炉碗子-山城镇地区、刺猬沟-九三沟地区和金谷山-后底洞地区有少量分布。

2. 有色金属矿物:白钨矿、锡石、方铅矿、黄铜矿、辰砂、毒砂、泡铋矿、辉钼矿、辉锑矿

白钨矿是吉林省分布较广的重砂矿物,主要分布在位于吉林省中东部地区中部的辉发河-古洞河东西向复杂成矿构造带上,即红旗岭-漂河川成矿带、柳河-那尔轰成矿带、夹皮沟-金城洞成矿带和海沟成矿带上。在辉发河-古洞河成矿构造带西北端的大蒲柴河-天桥岭成矿带、百草沟-复兴成矿带和春化-小西南岔成矿带上也有较集中的分布。在吉林地区的江蜜峰镇、天岗镇、天北镇以及白山地区的石人镇、万良镇亦有少量分布。

锡石主要分布在吉林省中东部地区的北部,以福安堡、大荒顶子和柳树河-团北林场最为集中,中部地区的漂河川及刺猬沟-九三沟地区有零星分布。

方铅矿作为重砂矿物主要分布在矿洞子-青石镇地区、大营-万良地区和荒沟山-南岔地区,其次是山门地区、天宝山地区和闹枝-棉田地区,在夹皮沟-溜河地区、金厂镇地区有零星分布。

黄铜矿集中分布在二密-老岭沟地区,部分分布在赤柏松-金斗地区、金厂地区和荒沟山-南岔地区;在天宝山地区、五凤地区、闹枝-棉田地区呈零星分布状态。

辰砂在吉林省中东部地区分布较广,山门-乐山、兰家-八台岭、那丹伯-一座营、山河-榆木桥子、上营-蛟河成矿带;红旗岭-漂河川、柳河-那尔轰、夹皮沟-金城洞、海沟成矿带;大蒲柴河-天桥岭、百草沟-复兴、春化-小西南岔成矿带以及二密-靖宇、通化-抚松、集安-长白成矿带都有较密集的分布。辰砂是金矿、银矿、铜矿、铅锌矿评价预测的重要矿物之一。

毒砂、泡铋矿、辉钼矿、辉锑矿在吉林省中东部地区分布稀少。其中,毒砂在二密-老岭沟地区以一小型汇水盆地出现,在刺猬沟-九三沟地区、金谷山-后底洞地区及其北端以零星状态分布。泡铋矿集中分布在五凤地区和刺猬沟-九三沟地区及其外围。辉钼矿以零星点状分布在石嘴-官马地区、闹枝-棉田地区和小西南岔-杨金沟地区中。辉锑矿以4个点异常分布在万宝地区。

3. 贵金属矿物:自然金、自然银

自然金与白钨矿的分布状态相似,以沿着敦化-密山断裂带及辉发河-古洞河东西向复杂构造带分布为主,在其两侧亦有较为集中的分布。从重砂矿物分级图上看,贵金属矿物整体分布态势可归纳为4个部分:一是沿石棚沟—夹皮沟—海沟—金城洞一线呈带状分布,二是在矿洞子—正岔—金厂—二密一带,三是在五凤—闹枝—刺猬沟—杜荒岭—小西南岔一带,四是沿山门—放牛沟到上河湾呈零星点状分布。第一带近东西向横贯吉林省中部区域称为中带;第二带位于吉林省南部称为南带;第三带在吉林省东北部延边地区称为北带;第四带在大黑山条垒一线称为西带。

自然银仅有的2个高值点异常,分布在矿洞子-青石镇地区北侧。

4. 稀土矿物:独居石、钍石、磷钇矿

独居石在吉林省中东部地区分布广泛,分布在万宝-那金成矿带;山门-乐山、兰家-八台岭成矿带;那丹伯-一座营、山河-榆木桥子、上营-蛟河成矿带;红旗岭-漂河川、柳河-那尔轰、夹皮沟-金城洞、海沟成矿带;大蒲柴河-天桥岭、百草沟-复兴、春化-小西南岔成矿带;二密-靖宇、通化-抚松、集安-长白成矿带。整体呈条带状分布。

钍石分布特征比较明显,主要集中在五凤地区,闹枝-棉田地区,山门-乐山、兰家-八台岭地区,那丹伯-一座营、山河-榆木桥子、上营-蛟河地区。

磷钇矿分布较稀少,而且零散,主要分布在福安堡地区、上营地区的西侧,大荒顶子地区西侧,漂河川地区北端,万宝地区。

5. 非金属矿物：磷灰石、重晶石、萤石

磷灰石在吉林省中东部地区分布最为广泛，主要体现在整个中东部地区的南部。以香炉碗子—石棚沟—夹皮沟—海沟—金城洞一带集中分布，而且分布面积大，沿复兴屯—金厂—赤柏松—二密一带也分布有较大规模的磷灰石；椅山-湖米预测工作区及外围、火炬丰预测工作区及外围、闹枝-棉田预测工作区有部分分布。其他区域磷灰石以零散点状存在。

重晶石亦主要存在于东部山区的南部，呈两条带状分布，即古马岭-矿洞子-复兴屯-金厂地区和板石沟-浑江南-大营-万良地区。椅山-湖米地区、金城洞-木兰屯地区和金谷山-后底洞地区以零星点状分布。

萤石只在山门地区和五凤地区以零星点形式存在。

以上 20 种重砂矿物均分布在吉林省中东部地区，其分布特征与不同时代的岩性组合、侵入岩的不同岩石类型都具有一定的内在联系。以往的研究表明：这 20 种重砂矿物在白垩系、侏罗系、二叠系、寒武系—石炭系、震旦系以及太古宇中都有不同程度的富集。下元古界集安岩群和老岭岩群作为吉林省重要的成矿建造层位，重砂矿物分布众多，重砂异常发育，与成矿关系密切。燕山期和海西期侵入岩在吉林省中东部地区大面积出露，其重砂矿物如自然金、白钨矿、辰砂、方铅矿、重晶石、锡石、黄铜矿、毒砂、磷钇矿、独居石等都有较好展现，而且在人工重砂取样中也达到较高的含量。

第四章 预测评价技术思路

一、指导思想

以科学发展观为指导，以提高吉林省磷矿矿产资源对经济社会发展的保障能力为目标，以先进的成矿理论为指导，以全国矿产资源潜力评价项目总体设计书为总纲，以GIS技术为平台，以规范而有效的资源评价方法、技术为支撑，以地质矿产调查、勘查以及科研成果等多元资料为基础，在中国地质调查局及全国项目组的统一领导下，采取专家主导，产学研相结合的工作方式，全面、准确、客观地评价吉林省磷矿矿产资源潜力，提高对吉林省区域成矿规律的认识水平，为国家及吉林省编制中长期发展规划、部署矿产资源勘查工作提供科学依据及基础资料。同时，通过工作完善资源评价理论与方法，并培养一批科技骨干及综合研究队伍。

二、工作原则

坚持尊重地质客观规律、实事求是的原则；坚持一切从国家整体利益和地区实际情况出发，立足当前，着眼长远，统筹全局，兼顾各方的原则；坚持全国矿产资源潜力评价"五统一"的原则；坚持由点及面，由典型矿床到预测区逐级研究的原则；坚持以基础地质成矿规律研究为主，以物探、化探、遥感、重砂多元信息并重的原则；坚持由表及里的原则，由定性到定量的原则；坚持以充分发挥各方面优势尤其是专家的积极性，产学研相结合的原则；坚持既要自主创新，符合地区地质情况，又可进行地区对比和交流的原则；坚持全面覆盖、突出重点的原则。

三、技术路线

充分收集以往的地质矿产调查、勘查、物探、化探、自然重砂、遥感以及科研成果等多元资料；以成矿理论为指导，开展区域成矿地质背景、成矿规律、物探、化探、自然重砂、遥感多元信息研究，编制相应的基础图件，以Ⅳ级成矿区（带）为单位，深入全面总结主要矿产的成矿类型，研究以成矿系列为核心内容的区域成矿规律；全面利用物探、化探、遥感所显示的地质找矿信息；运用体现地质成矿规律内涵的预测技术，全面全过程应用GIS技术，在Ⅳ级、Ⅴ级成矿区内圈定预测区的基础上，实现全省磷矿资源潜力评价。

四、工作流程

工作流程见图 4-0-1。

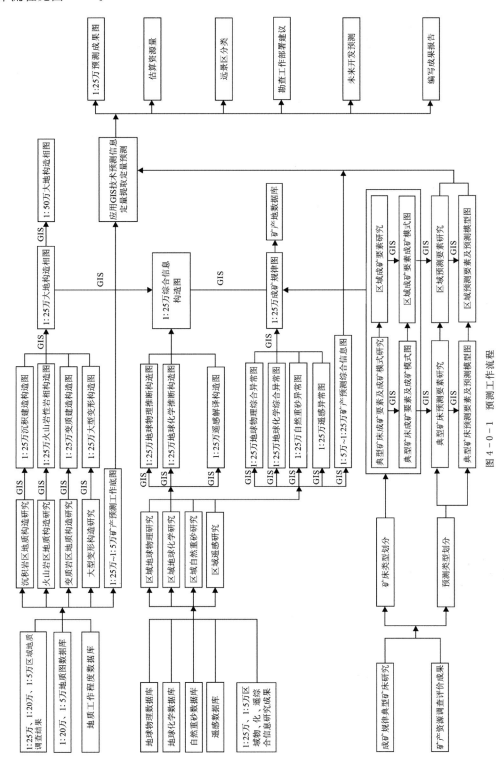

图 4-0-1 预测工作流程

第五章 成矿地质背景研究

第一节 技术流程

(1)明确任务,学习全国矿产资源潜力评价项目地质构造研究工作技术要求等有关文件。

(2)收集有关的地质、矿产资料,特别注意收集最新的有关资料,编绘实际材料图。

(3)编绘过程中,以1:25万综合建造构造图为底图,再以预测工作区1:5万区域地质图的地质资料加以补充,将收集到的与沉积型、沉积变质型磷矿有关的资料编绘于图中。

(4)明确目标地质单元,划分图层,以明确的目标地质单元为研究重点,同时研究控矿构造、矿化、蚀变等内容。

(5)图面整饰,按照统一要求制作图示、图例。

(6)编图。按照沉积岩、变质岩研究工作要求进行编图。要将与沉积型和沉积变质型磷矿形成有关的地质矿产信息较全面地标绘在图中,形成预测底图。

(7)编写说明书。按照统一要求的格式编写。

(8)建立数据库。按照规范要求建库。

第二节 建造构造特征

预测工作区地层发育,自新元古界南华系至二叠系均有沉积,属华北型沉积建造;其上有晚三叠世至新生代断陷盆地叠加火山-沉积岩建造。此外有少量花岗岩和变质岩建造。沉积型磷矿床的目的层为寒武系底部水洞组。

一、沉积岩建造

1. 目的层水洞组沉积建造

水洞组主要分布于通化水洞、东热一带,其次在浑江古生代盆地的北西缘,上四平、板帐沟、江北、平川一带呈带状分布,此外在浑江向斜的东翼横道河子一带、大阳岔倾没向斜的西北翼,大阳岔、四道堡子一带呈带状分布。浑江盆地西北翼含磷层沿走向长达近100km,在工作区外鸭绿江盆地长白县半截沟—鸠谷洞一带及样子哨盆地柳河窝集沟一带也有分布。水洞组为磷质岩建造,从水洞磷矿区剖面分析,可进一步划分为上部含磷砂岩、粉砂岩建造,下部磷块岩(磷质岩)建造,底部薄层含磷砂岩建造,总厚度20~50m。磷块岩建造中包括角砾状磷块岩、骨屑磷块岩、鲕状磷块岩和含磷砂岩、含海绿石石英砂岩等(注:区域水洞组岩性特征与典型矿床岩性特征有出入,有待于今后工作中进一步查实),其中见小壳类化石和遗迹化石,时代为早寒武世沧浪铺阶。水洞组与下伏震旦系青沟子组或八道江组不整合接触;与上覆碱厂组(昌平组)平行不整合接触,但之间有侵蚀间断。磷质岩建造中磷块岩呈饼砾,磷质砂岩中有波痕、干裂、冲刷层理等,说明其沉积环境属潮坪相的潮上坪亚相。由水洞向北东旱沟、黑沟、平川一带磷块岩减少,粒度变细,含磷碎屑岩增多,说明沉积环境渐变为潮间坪亚相。

2. 非目的层沉积建造

非目的层包括新元古界细河群(马达岭组、钓鱼台组、南芬组、桥头组),浑江群(万隆组、八道江组、青沟子组);寒武系(碱厂组、馒头组、张夏组、崮山组、炒米店组);奥陶系(冶里组、亮甲山组、马家沟组);石炭系—二叠系(本溪组、太原组、山西组、石盒子组、孙家沟组);三叠系(小河口);侏罗系—白垩系(小东沟组、鹰嘴砬子组、石人组、小南沟组)和第四系冲洪积松散堆积层。其中前中生代为典型的华北型(陆表海)沉积建造。在华北型沉积建造中沉积矿产的载体有南华系钓鱼台组铁质岩建造、寒武系馒头组膏岩建造(蒸发岩建造)和晚古生代、中生代有机岩建造。

3. 火山岩建造、变质岩建造、侵入岩建造

火山岩建造有晚侏罗世果松组安山岩建造和火山碎屑岩建造,林子头组流纹质火山碎屑岩夹流纹岩建造和新近纪军舰山组玄武岩建造。

变质岩建造小面积分布于图区的西北部,包括中太古代英云闪长质片麻岩建造,新太古代变质二长花岗岩建造,古元古代珍珠门岩组大理岩变质建造、大栗子岩组千枚岩夹大理岩变质建造。其中,珍珠门岩组、大栗子岩组中有层控型多金属矿产。

侵入岩建造只有早白垩世花岗斑岩,分布于工作区东南部东热一带,呈岩株状产出。另外在水洞矿区有石英斑岩和闪长玢岩脉出露。

二、全省含磷建造

吉林省与磷矿成矿有关的沉积建造主要为古元古界老岭岩群珍珠门岩组、新元古界塔东岩群拉拉沟岩组、寒武系水洞组。

第三节 大地构造特征

一、预测工作区大地构造特征

预测工作区位于南华纪华北陆块(Ⅰ),华北东部陆块(Ⅱ),龙岗-陈台沟-沂水前太古代陆核(Ⅲ),八道江坳陷盆地(Ⅳ)内。新元古代—古生代沉积了典型的稳定型陆表海沉积盖层,中、新生代局部地区又叠加了断陷盆地形成的火山-沉积建造。

二、全省磷矿床(点)大地构造特征

全省沉积型磷矿大地构造位置位于南华纪华北陆块(Ⅰ),华北东部陆块(Ⅱ),龙岗-陈台沟-沂水前太古代陆核(Ⅲ),八道江坳陷盆地(Ⅳ)内,主要与坳陷盆地早期寒武纪底部沉积的含磷建造有关。沉积变质型磷矿大地构造位置位于前南华纪华北东部陆块(Ⅱ),胶辽吉元古代裂谷带(Ⅲ),老岭坳陷盆地(Ⅳ)内,主要与坳陷盆地早期底部沉积的碳酸盐岩含磷建造有关。伴生的沉积变质型磷矿大地构造位置位于前南华纪小兴安岭弧盆系(Ⅱ),机房沟-塔东-杨木桥子岛弧盆地带(Ⅲ),塔东弧盆(Ⅳ)内,主要与弧盆早期底部沉积的基性火山含磷建造有关。

第六章 典型矿床与区域成矿规律研究

第一节 技术流程

一、典型矿床研究技术流程

(1)典型矿床选取具有一定规模、有代表性、未来资源潜力较大、在现有经济或选冶技术条件下能够开发利用,或技术改进后能够开发利用的矿床。

(2)从成矿地质条件、矿体空间分布特征、矿石物质组分及结构构造、矿石类型、成矿期次、成矿时代、成矿物质来源、控矿因素及找矿标志、矿床的形成及就位、演化机制9个方面系统地对典型矿床进行研究。

(3)从岩石类型、成矿时代、成矿环境、构造背景、矿物组合、结构构造、蚀变特征、控矿条件8个方面总结典型矿床的成矿要素。建立典型矿床的成矿模式。

(4)在典型矿床成矿要素研究的基础上叠加地球化学、地球物理、重砂、遥感及找矿标志,形成典型矿床预测要素,建立预测模型。

(5)以典型矿床综合地质图(比例尺不小于1∶1万)为底图,编制典型矿床成矿要素图、预测要素图。

二、区域成矿规律研究技术流程

广泛收集区域上与磷矿有关的矿床、矿点、矿化点的勘查和科研成果,按如下技术流程开展区域成矿规律研究:

(1)确定矿床的成因类型;
(2)研究成矿构造背景;
(3)研究控矿因素;
(4)研究成矿物质来源;
(5)研究成矿时代;
(6)研究区域所属成矿区(带)及成矿系列;
(7)编制成矿规律图件。

第二节 典型矿床研究

一、典型矿床选取及其特征

吉林省磷矿预测类型为沉积型,选取水洞磷矿为典型矿床,水洞磷矿床特征如下。

1. 成矿地质条件

矿床位于南华纪华北陆块(Ⅰ),华北东部陆块(Ⅱ),龙岗-陈台沟-沂水前太古代陆核(Ⅲ),八道江坳陷盆地(Ⅳ)内。

1) 地层

区域内广泛有下寒武统水洞组含磷碎屑岩和含膏泥质碳酸盐岩,以及碱厂组和馒头组,中-上震旦统含叠层石碳酸盐岩地层仅于矿区北部和西部边缘分布。

(1) 水洞组:含磷碎屑岩在空间上严格受浑江凹陷和长白凹陷的控制,自通化水洞—浑江黑沟—平川一带呈北东向断续延伸约100km。水洞组含磷碎屑岩厚7.97~28.34m。下部含磷粉砂岩厚4.03~5.82m,主要为紫红色细粒石英砂岩、石英粉砂岩、含磷粉砂岩,局部夹薄层含铁石英砂岩。该层具有波状层理、干裂、波痕等,含磷1%~3%。该层底部有厚0.01~0.1m的含铁胶磷砾岩或胶磷砂砾岩。中部含海绿石石英砂岩-磷块岩层厚3.94~14.32m,主要由砾状磷块岩、碎屑状砂质磷块岩、含磷砂岩、磷质粉砂岩组成。该层底部有厚0.05~1m的胶磷砾岩或砾屑磷块岩,顶部有砾状磷块岩、生物介壳磷块岩,富含 *Quadratheca jilinensis*(sp. hoh)(吉林方管螺)、*Yankongotneca bisnlcata*(双凹孔螺)、*Auathca degecri*(*HOLm*)及元货贝、舌形贝、螺类化石。P_5O_2含量3%~10%。该层赋存1~2层工业矿层,层位稳定,具特殊岩性、岩相组合,厚度变化有一定规律。上部为杂色粉砂岩层,厚0~8.9m,由紫红色含铁长石石英砂岩、石英粉砂岩,局部夹海绿石粉砂岩组成。具波状层理、雨痕、干裂构造。P_5O_2含量0.7%~1.5%。

(2) 碱厂组:自下而上为砾岩段,含燧石角砾状钙质砂岩、燧石岩,砾石成分主要为燧石、砂质灰岩、胶磷矿及条带灰岩,钙质胶结,砾石为次棱角—半圆状,反映剥蚀的碎屑物质搬运距离较近,厚0.18~1.53m;燧石灰岩段,局部含磷,厚4.38m;沥青灰岩段,层位稳定,厚28.70m;条带状泥质白云岩段,厚5.04m。

(3) 馒头组:在水洞矿区厚度大于80m。底部砾岩,紫红—灰黄色,砾石成分为紫红色粉砂岩及条带灰岩,砾石为次棱角状—半圆状,胶结物为钙质或粉砂质,厚0.5~2.36m。上部紫红色钙质粉砂、粉砂质白云岩、泥灰岩互层,其中石盐假晶较发育,厚度大于80m。

2) 侵入岩

区域内侵入岩浆活动局限,仅有石英斑岩及少量闪长玢岩沿北东向破碎带侵入。主要分布于Ⅰ矿段北西边缘、Ⅱ矿段中心,呈侵入接触,时代推测为燕山期。在脉岩与震旦系碳酸盐岩或与寒武系含磷地层接触带及其附近仅有弱硅化、碳酸盐化,偶见星点状黄铁矿。

3) 构造

矿区位于浑江坳陷西南端,构造较为复杂。

(1) 褶皱构造:矿区总体为一轴向北东、较开阔的平缓向斜构造,碱厂组、馒头组组成向斜核部,水洞组含磷地层与震旦系为向斜的两翼。北西翼倾向110°~120°,倾角10°~25°;南东翼倾向300°,倾角8°~18°。向斜两翼常具有明显波状起伏特点,并有次一级西北天-姜家沟与西葫芦沟-灰窑短轴背斜。由于后期构造影响,向斜北东端翘起,馒头组、碱厂组及水洞组部分含磷地层处于剥蚀状态,呈零星点状分布。

(2)断裂构造:北东—北北东向逆断层,具有倾角陡、沿倾向上有摆动特点,一般走向30°～45°,倾角60°～89°,常使震旦系逆冲于水洞组含磷地层之上,或造成含磷地层及矿层重复,并产生水平、垂直方向位移,断距5～40m;北西向断层具有平移性质,常切割北东—北北东向逆断层,使含磷地层及矿层产生40～200m位移,造成矿层不连续;近南北向断层规模小,常切割上述两组断层。北东—北北东向逆断层和北西向断层将矿床分成Ⅰ、Ⅱ、Ⅲ共3个矿段。

2. 矿体三维空间特征

矿床赋存于寒武系水洞组含磷碎屑岩中的海绿石石英砂岩-磷块岩层内,有较固定的层位,矿床总体为一向斜构造。矿体呈规则层状,缓倾斜产出,厚度、品位变化有一定规律,矿石类型简单,埋藏较浅。由于后期构造剥蚀作用,形成大小不等、彼此独立的Ⅰ、Ⅱ、Ⅲ矿段。主要工业矿层多分布于向斜北西翼及Ⅰ、Ⅱ矿段次一级背斜两翼,轴部被剥蚀。矿层与顶底板粉砂岩、细粒石英砂岩,多为渐变过渡关系,需依据化学分析来确定。只有顶部有生物介壳磷砾岩,底部有砾状磷块岩、胶磷砾岩存在时与围岩则有清晰界线。

1) Ⅰ矿段

该矿段构成矿床主体,占全区总储量的83.7%,是区内重要矿段。矿段矿层多分布于向斜北西翼,近轴部或南东翼,矿层往往变薄、变贫以至尖灭。走向延伸达2000m,倾向延深1200～1800m。区内F_{102}、F_{302}断层将矿段切割成3部分。

(1)1号矿体:它是矿段中规模较小的矿体。上部2号矿体为厚0.8～3.14m的紫红色细砂岩或含海绿石长石石英砂岩,含磷品位为2%～2.5%。矿体底板为细砂岩、石英粉砂岩,其间为渐变关系。矿体储量仅占矿段总储量18%,具有埋藏浅、出露标高较高、便于露天开采特点(图6-2-1,图6-2-2)。矿体位于西北天-姜家沟小背斜北西翼。矿体倾向北西,局部倾向南东,倾角10°左右,最大倾角26°。矿体沿走向、倾向上具有波状起伏现象。

矿体主要由砂质磷块岩、含砾砂质磷块岩组成。以P_2O_5边界品位3%圈定,矿体走向延长920m,倾向延深600m。北西侧被石英斑岩、闪长玢岩所侵入,或为震旦系以逆断层关系与矿层相接触。矿体最大厚度11.90m,最小厚度0.70m,平均厚度4.33m。矿体最高品位5.61%,最低品位4.00%,平均品位4.41%。

以P_2O_5边界品位5%圈定,矿体走向长380m,倾向延深370m。矿体最大厚度2m,最小厚度1.6m,平均厚度1.73m;矿体最高品位9.31%,最低品位5.1%,平均品位6.63%。

(2)2号矿体:赋存于1号矿体之上,与之平行产出,分布范围与1号矿体基本一致。矿体与顶板紫色粉砂岩界线清晰,底板为含磷细砂岩,与之为渐变关系(图6-2-1,图6-2-2)。

矿体主要由黑色砂质磷块岩及生物介壳砾状磷块岩、含砾砂质磷块岩组成。呈北东—南西向分布。矿体产状与1号矿体相同。

以P_2O_5边界品位3%圈定,矿体走向延伸910m,倾向延深600m。矿体最大厚度3.22m,最小厚度1.19m,平均厚度2.06m;矿体品位最高13.75%,最低品位5.90%,平均品位8.71%。

以P_2O_5边界品位5%圈定,矿体走向长度910m,倾向延深600m。矿体最大厚度2.4m,最小厚度0.84m,平均厚度1.72m;矿体品位最高达21.25%,最低品位7.1%,平均品位10.67%。

(3)3号主矿体:分布于F_{102}断层以东、F_{305}断层以南地段,在层位上与上述1号、2号矿体相当,应同属一个地质矿体。该矿体为Ⅰ矿段中最大的矿体。它的储量占矿段总储量的73%。矿体埋藏较深。

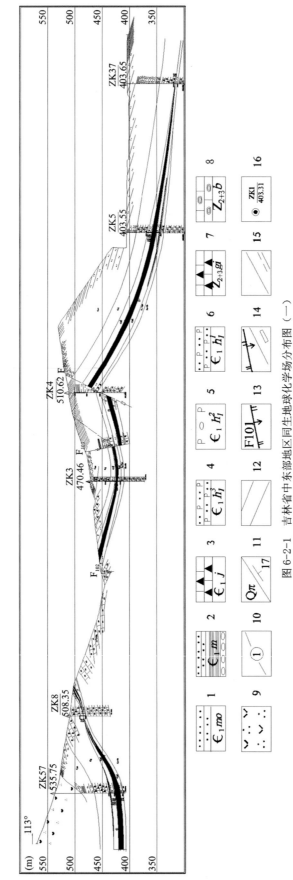

图 6-2-1 吉林省中东部地区同生地球化学场分布图（一）

1. 毛庄组猪肝色粉砂岩、灰岩；2. 馒头组砖红色粉砂岩、页岩、底部砾岩；3. 碱厂组沥青质灰岩；4. 水洞组上段紫红色薄层状含磷粉砂岩；5. 水洞组中段灰绿-紫红色磷块岩矿体；6. 水洞组下段紫红色薄层状含磷粉砂岩；7. 青沟子组沥青质灰岩；8. 八道江组藻灰岩；9. 石英斑岩；10. 矿体及编号；11. 石英斑岩/地层产状；12. 单项工程平均品位小于4%的矿体；13. 正断层及编号；14. 逆断层/性质不明的断层；15. 推测断层/平行不整合界线；16. 钻孔/孔号/标高（m）

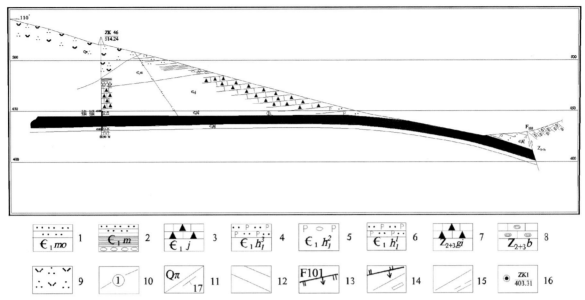

图 6-2-2 吉林省中东部地区同生地球化学场分布图(二)

1.毛庄组猪肝色粉砂岩、灰岩;2.馒头组砖红色粉砂岩、页岩、底部砾岩;3.碱厂组沥青质灰岩;4.水洞组上段紫红色薄层状含磷粉砂岩;5.水洞组中段灰绿-紫红色磷块岩矿体;6.水洞组下段紫红色薄层状含磷粉砂岩;7.青沟子组沥青质灰岩;8.八道江组藻灰岩;9.石英斑岩;10.矿体及编号(3%～5%);11.石英斑岩/地层产状;12.单项工程平均品位小于4%的矿体;13.正断层及编号;14.逆断层/性质不明的断层;15.推测断层/平行不整合界线;16.钻孔/孔号/标高(m)

矿体呈现平缓向斜。矿体沿走向、倾向上具有微波状起伏现象。

矿体主要由砂质磷块岩、含磷砂岩组成。矿体底部有薄层紫红色砾状磷蒌岩,顶部有薄层生物介壳磷砾岩,而这些砾状磷块岩仅在矿体浅部有分布,而在相应深部则变为含磷砂岩或含砾砂质磷块岩,矿体中夹石多为含磷砂岩、海绿石石英砂岩,在空间上呈断续分布,厚度多在0.6～2m之间,含磷1.25%～3%。

以 P_2O_5 边界品位3%圈定,矿体走向延伸长达1330m,倾向延深1200m。矿体最大厚度8.69m(ZK5),最小厚度为0.7m,平均厚度4.40m;矿体品位最高达4.83%,最低4%,平均品位4.46%。

以 P_2O_5 边界品位5%圈定,矿体仅局限分布于局部工程中。矿体厚度为0.66～3.56m,有一定变化,品位5.22%～7.47%。

2) Ⅱ号矿段

该矿段位于向斜北东端,处于五台山一带。矿段有一个工业矿层,层位稳定,矿体顶板为碱厂组底部燧石砂岩或粉砂岩,界线清晰。底板为紫色粉砂岩,为渐变关系。矿体中夹石较少。矿体属于向斜北西翼一部分,倾向南东,倾角多在5°～10°之间。局部呈波状起伏特点。

矿体主要由砂质磷块岩、含砾砂质磷块岩组成。生物介壳磷砾岩、砾状磷块岩,主要零星分布于TC11、ZK14、ZK20等工程中。

以 P_2O_5 边界品位3%圈定,矿体走向延伸1000m,倾向延深550m,呈北北东向分布。矿体最大厚度达9.21m,最小厚度1.06m,平均厚度4.90m;矿体品位最高6.4%,最低4%,平均品位4.51%。

以 P_2O_5 边界品位5%圈定,矿体走向延伸长500m,倾向延深400m。矿体最大厚度9.21m,最小厚度0.7m,平均厚度2.06m;最高品位9.77%,最低品位5.48%,平均品位6.59%。

3) Ⅲ号矿段

该矿段位于向斜构造南东翼梯子沟一带。含磷岩段厚度薄,一般2～6m,层序不全。矿体倾向北西,倾角8°～27°。矿体主要由砂质磷块岩、含砾砂质磷块岩组成,其间夹石为含磷砂岩,与赋矿围岩为渐变关系。

以 P_2O_5 边界品位3%圈定,矿体走向延伸长220m,倾向延深仅150m,呈北北东—南南西向分布。

矿体厚度3.14m，品位4.79%，其中包括品位5.67%、厚度1.49m的较富矿石。矿体规模虽小，但便于露天开采。

3. 矿石物质组分及结构构造

（1）矿石物质组分：矿石有用矿物主要为胶磷矿。脉石矿物主要为石英，其次为少量的钾长石、海绿石、赤铁矿，并有极少量的电气石、金红石等碎屑。胶结物主要为硅质、铁质、黏土质、胶磷矿及少量钙质。胶磷矿含量不均匀，少者1%~6%，多者达25%~40%，一般在10%~12%之间。

根据对矿石的多项化学分析，有用组分为P_2O_5，有害组分有Si_2O、Al_2O_3、CaO、Fe_2O_3等。Si_2O含量40%~82%，变化较大，与有用组分含量呈负相关关系。

（2）矿石结构构造：矿石结构主要有砾状或砂状结构、生物碎屑—砂砾状结构，矿石构造主要为块状构造。

4. 矿石类型

根据含磷矿物的赋存形式、结构构造，分为砾状磷块岩、砂质磷块岩、含磷砂岩三种矿石类型。

5. 成矿期次

根据矿体的空间赋存形态，矿石矿物的结构构造划分为两个成矿期。
（1）沉积成矿期：沉积一套富含生物介壳类生物碎屑的碎屑岩，形成了以胶磷矿为主的低品位磷矿。
（2）表生氧化成矿期：在地表风化条件下形成次生含磷矿物，局部次生富集。

6. 成矿时代

根据矿体赋存层位，成矿期为寒武纪。

7. 成矿物质来源

根据矿体产出特征和控矿的因素分析，沉积变质型和沉积型磷矿的成矿物质主要来源于古陆风化剥蚀和海相化学沉积。古陆两侧富含磷的基性建造岩石风化剥蚀后，磷被水系带入海盆，一部分被生物吸收，生物死后以生物碎屑形式形成富含磷的沉积，一部分形成化学沉积；此外，磷的来源还可能与海水有关。

8. 控矿因素及找矿标志

1）控矿因素
（1）大地构造背景控矿：寒武纪沉积型磷矿产出的大地构造环境为南华纪华北陆块（Ⅰ），华北东部陆块（Ⅱ），胶辽吉古元古裂谷带（Ⅲ），八道江坳陷盆地（Ⅳ）。
（2）地层控矿：吉林省发现的所有沉积型磷矿均赋存在寒武系水洞组的紫红色含砾粉砂岩、紫色—黄绿色中薄层状胶磷砾岩、灰紫色—黄绿色中层状粉砂质细砂岩、灰色中厚层状砂质磷块岩与黄绿色薄层状砂质磷块岩互层、灰绿色中厚层状含海绿石砂质磷块岩、灰绿色胶磷砾岩、暗灰色含磷含砾砂岩等层位中。区域上所有沉积型磷矿床（点）、矿化点均受此层位控制。
（3）构造控矿：后期的褶皱构造只改变矿体的形态，后期的断裂构造对矿体起到破坏作用。
2）找矿标志
（1）大地构造标志：胶辽吉古元古代裂谷带八道江坳陷盆地。
（2）地层标志：寒武系水洞组出露区。
（3）构造标志：八道江坳陷盆地内轴向北东且较开阔的平缓向斜构造的两翼。

二、典型矿床成矿要素特征

1. 典型矿床成矿要素图

沉积型磷矿床的赋矿层位为寒武系底部的水洞组。水洞组沉积厚度较小，不足50m，以往编图中均并层处理，没有单独表示。此次编图中对这一部分进行了较详细的划分。同时对其他沉积建造和重要的构造边界、主干断裂及其分布特点如实地进行划分。

充分收集矿产普查中发现的磷矿床，并探讨矿产生成的岩性、岩相、古地理与区域地质构造之间的成因联系，为矿产预测提供了最为直接的信息，同时叠加了专业部门提供的物、化、遥资料。

2. 典型矿床成矿要素

典型矿床成矿要素见表6-2-1。

表6-2-1　通化市水洞组磷矿床成矿要素

成矿要素		内容描述	类别
特征描述		矿床的成因属沉积型矿床	
地质环境	岩石类型	紫红色细粒石英砂岩、石英粉砂岩、含磷粉砂岩，局部夹薄层含铁石英砂岩、含海绿石石英砂岩－磷块岩	必要
	成矿时代	寒武纪	必要
	成矿环境	寒武系水洞组地层为含矿建造，矿体受北东—北北东向断裂控制	必要
	构造背景	南华纪华北陆块（Ⅰ），华北东部陆块（Ⅱ），龙岗-陈台沟-沂水前太古代陆核（Ⅲ），八道江坳陷盆地（Ⅳ）内； 八道江坳陷盆地内轴向北东且较开阔的平缓向斜构造的两翼	重要
矿床特征	矿物组合	矿石有用矿物主要为胶磷矿；脉石矿物主要为石英，其次为少量的钾长石、海绿石、赤铁矿，并有极少量的电气石、金红石等碎屑	重要
	结构构造	矿石结构主要有砾状或砂状结构、生物碎屑—砂砾状结构，矿石构造主要为层状构造	次要
	蚀变特征	无	重要
	控矿条件	大地构造背景控矿：寒武纪沉积型磷矿产出的大地构造环境为南华纪华北陆块（Ⅰ），华北东部陆块（Ⅱ），胶辽吉古元古代裂谷带（Ⅲ），八道江坳陷盆地（Ⅳ）； 地层控矿：吉林省发现的所有沉积型的磷矿均赋存在寒武系水洞组的紫红色含砾粉砂岩、紫色—黄绿色中薄层状胶磷砾岩、灰紫色—黄绿色中层状粉砂质细砂岩、灰色中厚层状砂质磷块岩与黄绿色薄层状砂质磷块岩互层、灰绿色中厚层状含海绿石砂质磷块岩、灰绿色胶磷砾岩、暗灰色含磷含砾砂岩等层位中，区域上所有沉积型磷矿床（点）、矿化点均受此层位控制； 构造控矿：后期的褶皱构造只改变矿体的形态，后期的断裂构造对矿体起到破坏作用	必要

三、典型矿床成矿模式

典型矿床成矿模式见表 6-2-2 和图 6-2-3。

表 6-2-2 通化市水洞组磷矿床成矿模式

名称	通化市水洞组磷矿床				
概况	主矿种	磷	储量	120.4×10^4 t	地理位置	通化市鸭园镇
					品位	10.67%
成矿的地质构造环境	南华纪华北陆块（Ⅰ），华北东部陆块（Ⅱ），龙岗-陈台沟-沂水前太古代陆核（Ⅲ），八道江坳陷盆地（Ⅳ）内				
控矿的各类及主要控矿因素	大地构造背景控矿：寒武纪沉积型磷矿产出的大地构造环境为南华纪华北陆块（Ⅰ），华北东部陆块（Ⅱ），胶辽吉古元古代裂谷带（Ⅲ），八道江坳陷盆地（Ⅳ）； 地层控矿：吉林省发现的所有沉积型磷矿均赋存在寒武系水洞组的紫红色含砾粉砂岩、紫色—黄绿色中薄层状胶磷砾岩、灰紫色—黄绿色中层状粉砂质细砂岩、灰色中厚层状砂质磷块岩与黄绿色薄层状砂质磷块岩互层、灰绿色中厚层状含海绿石砂质磷块岩、灰绿色胶磷砾岩、暗灰色含磷含砾砂岩等层位中，区域上所有沉积型磷矿床（点）、矿化点均受此层位控制； 构造控矿：后期的褶皱构造只改变矿体的形态，后期的断裂构造对矿体起到破坏作用				
矿床的三度空间分布特征	产状	矿床总体为一向斜构造。倾向北西，局部倾向南东，倾角10°左右，最大倾角为26°。矿体沿走向、倾向上具有波状起伏现象			
	形态	矿体呈规则层状，缓倾斜产出			
矿床的物质组成	矿石类型	砾状磷块岩、砂质磷块岩、含磷砂岩			
	矿物组合	矿石有用矿物主要为胶磷矿。脉石矿物主要为石英，其次为少量的钾长石、海绿石、赤铁矿，并有极少量的电气石、金红石等碎屑			
	结构构造	结构主要有砾状或砂状结构、生物碎屑—砂砾状结构，矿石构造主要为块状构造			
	主元素含量	10.67%			
成矿期次	沉积成矿期：沉积一套富含生物介壳类生物碎屑的碎屑岩，形成了以胶磷矿为主的低品位磷矿； 表生氧化成矿期：在地表风化条件下形成次生含磷矿物，局部次生富集				
成矿时代	寒武纪				
矿床成因	在寒武纪早期八道江坳陷盆地继承了新元古代沉积盆地，接受浅海相及滨海相沉积。来源于古陆两侧富含磷的基性建造岩石风化剥蚀后被水系带入海盆和海洋，一部分被生物吸收，在水洞组炎热干旱的沉积环境下，生物死后，生物介壳以生物碎屑形式在潮间坪环境下沉积一套富含磷的生物碎屑岩化学物质，形成了以胶磷矿为主的低品位磷矿。矿床为沉积型				

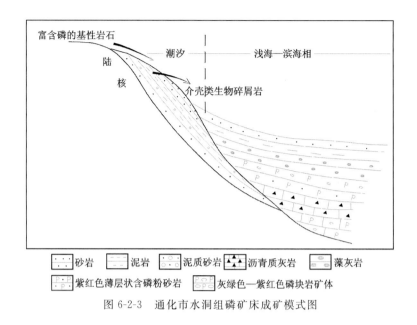

图 6-2-3 通化市水洞组磷矿床成矿模式图

第三节 预测工作区成矿规律研究

一、预测工作区地质构造专题底图确定

编图区位于通化市东部,编图比例尺 1∶5 万。编图区地层发育,自新元古界南华系至二叠系均有沉积,属华北型沉积建造;上有晚三叠世至新生代断陷盆地叠加火山-沉积岩建造。此外有少量花岗岩和变质岩建造。沉积型磷矿床的目的层为寒武系底部水洞组,在编图中尽量将所有的沉积建造如实地进行反映,突出对目的层的详细表达。

二、预测工作区成矿要素特征

预测工作区磷矿成因类型为沉积型。寒武纪沉积型磷矿产出的大地构造环境为南华纪华北陆块(Ⅰ),华北东部陆块(Ⅱ),胶辽吉古元古代裂谷带(Ⅲ),八道江坳陷盆地(Ⅳ)。

磷矿均赋存在寒武系水洞组的紫红色含砾粉砂岩、紫色—黄绿色中薄层状胶磷砾岩、灰紫色—黄绿色中层状粉砂质细砂岩、灰色中厚层状砂质磷块岩与黄绿色薄层状砂质磷块岩互层、灰绿色中厚层状含海绿石砂质磷块岩、灰绿色胶磷砾岩、暗灰色含磷含砾砂岩等层位中。区域上所有沉积型磷矿床(点)、矿化点均受此层位控制。

沉积型磷矿受八道江坳陷盆地控制,寒武纪早期八道江坳陷盆地继承了新元古代沉积盆地,接受浅海相及滨海相沉积。在水洞组炎热干旱的沉积环境下,在潮间坪环境下沉积一套富含生物介壳类生物碎屑的碎屑岩,形成了以胶磷矿为主的低品位磷矿。后期的褶皱构造只改变矿体的形态,后期的断裂构造对矿体起到破坏作用。

根据矿体产出特征和控矿的因素分析,沉积型磷矿的成矿物质主要来源于古陆风化剥蚀和海相化学沉积。古陆两侧富含磷的基性建造岩石风化剥蚀后,磷被水系带入海盆,一部分被生物吸收,生物死后以生物碎屑形式形成富含磷的沉积,一部分形成化学沉积;此外,磷的来源还可能来源与海水有关。

成矿时代为寒武纪早期。

预测工作区成矿要素见表6-3-1。

表6-3-1 鸭园-六道江预测工作区成矿要素

成矿要素	内容描述	类别
特征描述	矿床的成因属沉积型矿床	
岩石类型	紫红色细粒石英砂岩、石英粉砂岩、含磷粉砂岩,局部夹薄层含铁石英砂岩、含海绿石石英砂岩-磷块岩	必要
成矿时代	寒武纪	必要
成矿环境	八道江坳陷盆地内轴向北东且较开阔的平缓向斜构造的两翼	必要
构造背景	南华纪华北陆块(Ⅰ),华北东部陆块(Ⅱ),龙岗-陈台沟-沂水前太古代陆核(Ⅲ),八道江坳陷盆地(Ⅳ)内	重要
控矿条件	胶辽吉古元古代裂谷带(Ⅲ),八道江坳陷盆地(Ⅳ); 寒武系水洞组的紫红色含砾粉砂岩、紫色—黄绿色中薄层状胶磷砾岩、灰紫色—黄绿色中层状粉砂质细砂岩、灰色中厚层状砂质磷块岩与黄绿色薄层状砂质磷块岩互层、灰绿色中厚层状含海绿石砂质磷块岩、灰绿色胶磷砾岩、暗灰色含磷含砾砂岩等层位中; 后期的褶皱构造只改变矿体的形态,后期的断裂构造对矿体起到破坏作用	必要

三、预测工作区区域成矿模式

预测工作区区域成矿模式见表6-3-2和图6-3-1。

表6-3-2 鸭园-六道江预测工作区成矿模式

名称	水洞组磷矿床	
成矿的地质构造环境	南华纪华北陆块(Ⅰ),华北东部陆块(Ⅱ),龙岗-陈台沟-沂水前太古代陆核(Ⅲ),八道江坳陷盆地(Ⅳ)内;八道江坳陷盆地内轴向北东且较开阔的平缓向斜构造的两翼	
控矿的各类及主要控矿因素	胶辽吉古元古代裂谷带八道江坳陷盆地; 寒武系水洞组; 八道江坳陷盆地内轴向北东且较开阔的平缓向斜构造	
矿床的三度空间分布特征	产状	矿床总体为一向斜构造。有一定规律,矿体倾向北西,局部倾向南东,倾角10°左右,最大倾角为26°。矿体沿走向、倾向上具有波状起伏现象
	形态	矿体呈规则层状,缓倾斜产出

续表 6-3-2

名称	水洞式磷矿床
成矿期次	沉积成矿期：沉积一套富含生物介壳类生物碎屑的碎屑岩，形成了以胶磷矿为主的低品位磷矿； 表生氧化成矿期：在地表风化条件下形成次生含磷矿物，局部次生富集
成矿时代	寒武纪
矿床成因	沉积型
成矿机制	在寒武纪早期八道江坳陷盆地继承了新元古代沉积盆地，接受浅海相及滨海相沉积。在水洞组炎热干旱的沉积环境下，古陆富含磷的基性建造岩石风化剥蚀后，磷被水系带入海盆，一部分被生物吸收，一部分形成化学沉积，在潮间坪环境下沉积一套富含生物介壳类生物碎屑的碎屑岩，形成了以胶磷矿为主的低品位磷矿。后期的褶皱构造只改变矿体的形态，后期的断裂构造对矿体起到破坏作用

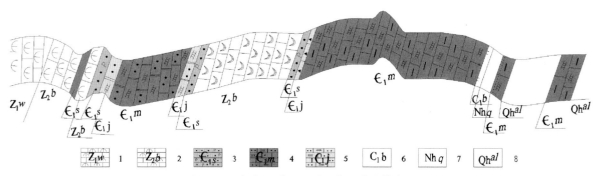

图 6-3-1　鸭园-六道江预测工作区成矿模式图

1.万隆组灰岩建造；2.八道江组灰岩夹硅质岩建造；3.水洞组磷质岩建造；4.馒头组蒸发岩建造；5.亮甲山组砾屑灰岩夹含燧石结核灰岩建造；6.本溪组砾岩夹粉砂岩建造；7.桥头组石英砂岩与页岩互层建造；8.Ⅰ级阶地及河漫滩堆积

第七章　物探、化探、遥感、自然重砂应用

第一节　重　力

一、技术流程

根据预测工作区预测底图确定的范围,充分收集区域内的 1∶20 万重力资料以及以往的相关资料,在此基础上开展预测工作区 1∶5 万重力相关图件编制和相关的数据解释,以满足预测工作对重力资料的需求。

二、资料应用

应用于 2008—2009 年 1∶100 万、1∶20 万重力资料及综合研究成果,充分收集应用预测工作区的密度参数、磁参数、电参数等物性资料。对预测工作区和典型矿床所在区域进行研究时,全部使用 1∶20 万重力资料。

三、数据处理

预测工作区编图全部使用全国项目组下发的吉林省 1∶20 万重力数据。重力数据已经按《区域重力调查技术规范》(DZ/T0082—2006)进行"五统一"改算。

布格重力异常数据处理采用中国地质调查局发展中心提供的 RGIS2008 重磁电数据处理软件,绘制图件采用 MapGIS 软件,按全国矿产资源潜力评价《重力资料应用技术要求》执行。

剩余重力异常数据处理采用中国地质调查局发展中心提供的 RGIS 重磁电数据处理软件,求取滑动平均窗口为 14km×14km 的剩余重力异常,绘制图件采用 MapGIS 软件。

等值线绘制等项目与布格重力异常图相同。

四、地质推断解释

预测工作区位于浑江坳陷带上,古生代地层在区内广泛分布。区内沉积型磷矿主要与早古生代寒武系有关。含矿层位水洞组,主要分布在通化水洞、东热一带,在浑江古生代盆地的北西缘,上四平、板帐沟、江北一带呈带状分布。

预测工作区重力场为一重力低,但从局部看,呈现两端高、中部低的趋势。即在预测区南西端鸭园—五道江一带和北东端孙家堡子—江原一带,重力场升高,而在中部石人镇附近,为一北东向的重力低异常。该重力低主要反映由页岩、砂岩、砾岩构成的中生代沉积盆地。鸭园—五道江一带的寒武纪沉积地层,处于重力场由低向高的过渡地带,水洞组磷矿接近西部重力高的边部,等值线沿东西向产生错动、扭曲,推断该处有东西向断裂构造分布。从1:5万地质图上看,区内断裂十分发育且密集分布,但从布格重力异常图上看,仅能推断4条断裂,北东向、北西向各2条。

第二节　磁　测

一、技术流程

根据预测工作区预测底图确定的范围,充分收集区域内的1:20万航磁资料,以及以往的相关资料,在此基础上开展预测工作区1:5万航磁相关图件编制和相关的数据解释,以满足预测工作对航磁资料的需求。

二、资料应用

应用收集了19份1:10万、1:5万、1:2.5万航空磁测成果报告,及1:50万航磁图解释说明书等成果资料。根据国土资源航空物探遥感中心提供的吉林省2km×2km航磁网格数据和1957—1994年间航空磁测1:100万、1:20万、1:10万、1:5万、1:2.5万共计20个测区的航磁剖面数据,充分收集应用预测工作区的密度参数、磁参数、电参数等物性资料。在对预测工作区和典型矿床所在区域进行研究时,主要使用1:5万资料,部分使用1:10万、1:20万航磁资料。

三、数据处理

预测工作区编图全部使用全国项目组下发的数据,按航磁技术规范,采用RGIS和Surfer软件网格化功能完成数据处理。采用最小曲率法,网格化间距一般为1/4~1/2测线距,网格间距分别为150m×150m、250m×250m。然后应用RGIS软件位场数据转换处理,编制1:5万航磁剖面平面图、航磁ΔT异常等值线平面图、航磁ΔT化极等值线平面图、航磁ΔT化极垂向一阶导数等值线平面图,航磁ΔT化极水平一阶导数(0°、45°、90°、135°方向),航磁 ΔT 化极上延不同高度处理图件。

四、磁异常分析及磁法推断地质构造特征

预测工作区位于吉南古生代浑江沉积盆地内,地层主要为北东走向。晚古生代石炭系、二叠系沿浑江两岸分布,早古生代寒武系—奥陶系分布在鸭园、五道江、六道江、石人镇一带。区内磁场以波动的负磁场为主,沿北东方向,自西向东有升高的趋势。在东部榆木桥子村—路桩子村一带,是一片北东向的异常带,背景值100~200nT,最大值350nT。异常与杨家店岩组变质岩对应,推断高值部分与杨家店组含铁层位有关。

在大片负磁场中,有一些强度不高的局部异常,如吉 C-87-19、吉 C-77-2、吉 C-87-16,强度一般在30~80nT。零星分布的小异常由与铜矿有关的石英闪长斑岩引起,从空间上,异常沿江分布,因而推断小异常为浑江断裂带上热液活动形成的岩脉及其蚀变带引起。通化水洞组磷矿床处在平静低缓的负磁场区中。

早古生代寒武系是区内主要含磷层位。底部岩性为紫色粉砂岩、含海绿石和胶磷矿砾石细砂岩、土黄色薄层粉砂岩等,通化水洞组磷矿即产于此层位,属海相沉积型磷矿。因岩石均无磁性,含矿带磁场为平缓负磁场,强度在−50~−100nT之间。

五、磁法推断地质构造特征

(1)F1、F3位于预测工作区北部,自大阳岔镇—四道堡子一线,呈北东向,沿负场梯度带分布,长约13.6km。两侧均有逐步升高的磁场,断裂处于青白口系及震旦系地层中,为北东向次级小断裂。

(2)F7位于预测工作区东部,天桥村—前进沟一线,呈东西向,沿梯度带及低值带分布,长约6km。断裂南、北两侧均为杨家店岩组变质岩。断裂处于两异常之间的鞍部。断裂一侧有热液型铜钼矿点,反映了沿断裂有岩浆活动。区内推断断裂5条,其中北东向4条,东西向1条。

第三节 化 探

由于该区域仅有1:20万化探资料,所以用该数据进行数据处理后,编制预测工作区化学异常图,同时将图件放大到1:5万。在分析化探结果后发现,预测工作区不存在化探异常,而且由于精度不够,没有开展化探推断地质构造的相关工作。

第四节 遥 感

一、技术流程

利用 MapGIS 将工作区图幅 *.Geotiff 图像转换为 *.msi 格式图像,再通过投影变换,将其转换为 1∶5 万比例尺的 *.msi 图像。

利用 1∶5 万比例尺的 *.msi 图像作为基础图层,添加该工作区的地理信息及辅助信息,生成鸭园-六道江地区沉积型磷矿 1∶5 万遥感影像图。

利用 Erdas imagine 遥感图像处理软件将处理后的吉林省东部 ETM 遥感影像镶嵌图输出为 *.Geotiff 格式图像,再通过 MapGIS 软件将其转换为 *.msi 格式图像。

在 MapGIS 软件支持下,调入吉林省东部 *.msi 格式图像,在 1∶25 万精度的遥感矿产地质特征解译基础上,对吉林省各矿产预测类型分布区进行空间精度为 1∶5 万的矿产地质特征与近矿找矿标志解译。

利用 B1、B4、B5、B7 四个波段对应的准归一化校正数据或无损失拉伸数据进行主成分分析,第四主成分存储于 14 通道中,对其分三级进行异常切割,一般情况一级异常 $K_σ$ 取 3.0,二级异常 $K_σ$ 取 2.5,三级异常 $K_σ$ 取 2.0,个别情况 $K_σ$ 值略有变动,经过分级处理的 3 个级别的铁染异常分别存储于 16、17、18 通道中。

利用 B1、B3、B4、B5 四个波段对应的准归一化校正数据或无损失拉伸数据进行主成分分析,第四主成分存储于 15 通道中,对其分三级进行异常切割,一般情况一级异常 $K_σ$ 取 2.5,二级异常 $K_σ$ 取 2.0,三级异常 $K_σ$ 取 1.5,个别情况 $K_σ$ 值略有变动,经过分级处理的 3 个级别的铁染异常分别存储于 19、20、21 通道中。

二、资料应用

利用全国项目办提供的 2002 年 9 月 17 日接收的 117/31 景 ETM 数据,经计算机录入、融合、校正形成遥感图像。利用全国项目办提供的吉林省 1∶25 万地理底图,提取制图所需的地理部分。同时,参考了吉林省区域地质调查所编制的吉林省 1∶25 万地质图和吉林省区域地质志。

三、遥感地质特征

吉林省鸭园-六道江地区沉积型磷矿预测工作区矿产地质特征与近矿找矿标志遥感解译图,共解译线要素 203 条(即遥感断层要素 203 条),环要素 34 个。

1. 线要素解译

预测工作区内线要素为遥感断层要素。在遥感断层要素解译中按断裂的规模、切割深度、断裂对地质体的控制程度，结合已知的地质资料，依次划分为中型和小型两类。

1）中型断裂

本预测工作区内共解译出2条中型断裂（带），分别为大川-江源断裂带、兴华-白头山断裂带。

大川-江源断裂带：北东向，由通化县向北东经白山至抚松后被第四纪玄武岩覆盖，向西南进入辽宁省，由数十条近于平行的断裂构造组成，切割自太古宙—侏罗纪的地层及岩体，控制中元古界、新元古界和古生界的沉积。该断裂带为多期活动断裂，早期为压性，晚期为张性，在二道江—板石一带形成一系列滑脱构造。该断裂带与其他方向断裂交会处，为磷矿等矿产形成的有利部位。

兴华-白头山断裂带：东西向，断裂带西段切割地台区老基底岩系、古生代盖层及中生代地层，老岭岩群花山岩组大理岩逆冲于下侏罗统义和组粗面岩之上，沿断层面有安山岩岩床分布。该断裂带又控制了晚三叠世中酸性火山岩的产出。沿断裂带侵入燕山期和印支期花岗岩，断裂西段柳河县向阳镇一带有燕山早期基性岩浆侵入。该断裂带与其他方向断裂交会部位，为磷矿等矿产形成的有利部位。

2）小型断裂

本预测工作区内的小型断裂比较发育，并且以北东向和北西向为主，东西向和南北向次之，局部见近北北西向和北东东向小型断裂，其中北东向、北西向的小型断裂多为正断层和逆断层。不同方向小型断裂的交会部位是重要的金、磷及多金属成矿区。

2. 环要素解译

本预测工作区内共圈出34个环形构造。区内环形构造比较发育，它们在空间分布上有明显的规律，主要分布在不同方向断裂交会部位。按其成因类型可分为3类，即与隐伏岩体有关的环形构造、褶皱引起的环形构造及成因不明的环形构造。区内的磷矿点多分布于环形构造内部或边部。

3. 色要素解译

本预测工作区内共解译出色调异常6处，其中的4处为绢云母化、硅化引起，2处为侵入岩体内外接触带及残留顶盖引起，它们在遥感图像上均显示为浅色色调异常。从空间分布上看，区内的色调异常明显与断裂构造及环形构造有关，在北东向断裂带上及北东向断裂带与其他方向断裂交会部位以及环形构造集中区，色调异常呈不规则状分布。区内的铁、金、磷、多金属矿床（点）在空间上与遥感色调异常有较密切的关系，多形成于遥感色调异常区。

4. 块要素解译

本预测工作区内共解译出3处遥感块要素，其中2处为白山块状构造，1处为红土崖块状构造，为区域压扭性应力形成的构造透镜体及小规模块体受应力形成的菱形块体，它们均呈北东向展布，分布于大川-江源断裂带内。

四、遥感异常提取

鸭园-六道江地区沉积型磷矿预测工作区未提取出遥感铁染异常。预测工作区东北部集安-松江岩石圈断裂附近铁染异常集中分布。在预测工作区东部遥感浅色色调异常区，铁染异常集中分布，与矿化有关。在预测工作区北部大川-江源断裂带和与隐伏矿体有关的环形构造交会处，铁染异常比较集中。

鸭园-六道江地区沉积型磷矿预测工作区未提取出遥感羟基异常。预测工作区东部遥感浅色色调异常区，羟基异常集中分布，与矿化有关。预测工作区北部大川-江源断裂带和与隐伏矿体有关的环形构造交会处，羟基异常比较集中。

第五节 自然重砂

一、技术流程

按照自然重砂基本工作流程，在矿物选取和重砂数据准备完善的前提下，根据《重砂资料应用技术要求》，应用吉林省1：20万重砂数据制作吉林省自然重砂工作程度图，自然重砂采样点位图，以选定的20种自然重砂矿物为对象，相应制作重砂矿物分级图、有无图、等量线图、八卦图，并在这些基础图件的基础上，结合汇水盆地圈定自然重砂异常图、自然重砂组合异常图，进行异常信息的处理。

预测工作区重砂异常图的制作仍然以吉林省1：20万重砂数据为基础数据源，以预测工作区为单位制作图框，截取1：20万重砂数据制作单矿物含量分级图，在单矿物含量分级图的基础上，依据单矿物的异常下限绘制预测工作区重砂异常图。

预测工作区矿物组合异常图是在预测工作区单矿物异常图的基础上，以预测工作区内存在的典型矿床或矿点所涉及到的重砂矿物选择矿物组合，将工作区单矿物异常空间套合较好的部分，以人工方法进行圈定，制作预测工作区矿物组合异常图。

二、资料应用情况

预测工作区自然重砂基础数据，主要源于全国1：20万的自然重砂数据库。本次工作对吉林省1：20万自然重砂数据库的重砂矿物数据进行了核实、检查、修正、补充和完善，重点针对参与重砂异常计算的字段值（重砂总重量、缩分后重量、磁性部分重量、电磁性部分重量、重部分重量、轻部分重量、矿物鉴定结果）进行核实检查，并根据实际资料进行修整和补充完善。数据评定结果质量优良，数据可靠。

三、自然重砂异常及特征分析

经相关分析发现，预测工作区内重砂异常特征不明显。

第八章 矿产预测

第一节 矿产预测方法类型及预测模型区选择

预测工作区内磷矿的成因类型为沉积型,选择的预测方法类型为沉积型。

编图重点突出寒武系水洞组含磷建造和八道江坳陷盆地内轴向北东且较开阔的平缓向斜构造。突出矿化标志。

模型区选择水洞组磷矿床所在的最小预测区。

第二节 矿产预测模型与预测要素图编制

一、典型矿床预测模型

典型矿床预测要素、预测模型见表 8-2-1。

表 8-2-1 通化市水洞组磷矿床预测要素表

预测要素		内容描述	预测要素类别
地质条件	岩石类型	紫红色细粒石英砂岩、石英粉砂岩、含磷粉砂岩,局部夹薄层含铁石英砂岩、含海绿石石英砂岩-磷块岩	必要
	成矿时代	寒武纪	必要
	成矿环境	南华纪华北陆块(Ⅰ),华北东部陆块(Ⅱ),龙岗-陈台沟-沂水前太古代陆核(Ⅲ),八道江坳陷盆地(Ⅳ)内	必要
	构造背景	八道江坳陷盆地内轴向北东且较开阔的平缓向斜构造的两翼	重要

续表 8-2-1

预测要素		内容描述	预测要素类别
矿床特征	控矿条件	大地构造背景控矿:寒武纪沉积型磷矿产出的大地构造环境为南华纪华北陆块(Ⅰ),华北东部陆块(Ⅱ),胶辽吉古元古代裂谷带(Ⅲ),八道江坳陷盆地(Ⅳ); 地层控矿:吉林省发现的所有沉积型的磷矿均赋存在寒武系水洞组的紫红色含砾粉砂岩、紫色—黄绿色中薄层状胶磷砾岩、灰紫色—黄绿色中层状粉砂质细砂岩、灰色中厚层状砂质磷块岩与黄绿色薄层状砂质磷块岩互层、灰绿色中厚层状含海绿石砂质磷块岩、灰绿色胶磷砾岩、暗灰色含磷含砾砂岩等层位中,区域上所有沉积型磷矿床(点)、矿化点均受此层位控制; 构造控矿:后期的褶皱构造只改变矿体的形态,后期的断裂构造对矿体起到破坏作用	必要
	蚀变特征	无	重要
	矿化特征	矿床赋存于寒武系水洞组含磷碎屑岩中的海绿石石英砂岩-磷块岩层内,有较固定的层位,矿床总体为一向斜构造。矿体呈规则层状,缓倾斜产出,厚度、品位变化有一定规律,矿石类型简单,埋藏较浅。由于后期构造剥蚀作用,形成大小不等、彼此独立的矿段; 矿层与顶底板的粉砂岩、细粒石英砂岩多为渐变过渡关系,需依据化学分析来确定。只有顶部有生物介壳磷砾岩,底部有砾状磷块岩、胶磷砾岩存在时与围岩才有清晰界线	重要
找矿标志		大地构造标志:胶辽吉古元古代裂谷带八道江坳陷盆地; 地层标志:寒武系水洞组出露区; 构造标志:八道江坳陷盆地内轴向北东且较开阔的平缓向斜构造的两翼	重要

二、模型区深部及外围资源潜力预测分析

1. 典型矿床已查明资源储量及其估算参数

(1)面积:通化市水洞组磷矿床所在区域经1:2000地质填图确定的勘探评价区,并经山地工程验证的矿体、矿带聚集区段边界范围面积为 91 242 m²。含矿层位的平均倾角为 20°。

(2)延深:通化市水洞组磷矿床勘探控制矿体的最大延深为 1200 m。

(3)品位、体重:通化市水洞组磷矿区矿石平均品位 10.67%,质量 2.64。

(4)体含矿率:体含矿率=查明资源储量/(面积×$\sin\alpha$×延深),其中 α 为含矿层位的平均倾角,见表 8-2-2。通过计算得到通化市水洞组磷矿床体含矿率为 0.032 184 58。

表 8-2-2 鸭园-六道江预测工作区典型矿床查明资源储量表

勘查预测靶区名称	名称	查明资源储量/×10⁴ t	面积/m²	延深/m	品位/%	体重	体含矿率
A2218101012001	通化市水洞组磷矿	12.04	91 242	410	10.67	2.64	0.032 184 58

2. 典型矿床深部预测资源量及其估算参数

通化市水洞组磷矿矿体沿倾向最大延深1200m，矿体倾角20°，实际垂深410m，该区详查报告记载含矿层位延深1200~1800m，所以本次对该矿床的深部预测垂深选择1000m。矿床深部预测实际深度为590m。面积仍然采用原矿床含矿的最大面积。预测资源量及各参数见表8-2-3。

表8-2-3 鸭园-六道江预测工作区典型矿床深部预测资源量表

勘查预测靶区名称	名称	预测资源量/×10⁴t	面积/m²	延深/m	体含矿率
A2218101012001	通化市水洞组磷矿	17.325 83	91 242	590	0.032 184 58

3. 模型区预测资源量及估算参数确定

模型区估算参数见表8-2-4。
模型区含矿系数见表8-2-5。

表8-2-4 鸭园-六道江模型区预测资源量及其估算参数表

最小预测区编号	名称	模型区预测资源量/×10⁴t	模型区面积/m²	延深/m	含矿地质体面积/m²	含矿地质体面积参数
A2218101012	YLA1	173.26	212 333	590	212 333	1

表8-2-5 鸭园-六道江预测工作区模型区含矿地质体含矿系数表

最小预测区编号	模型区名称	含矿地质体含矿系数	资源总量/×10⁴t	含矿地质体总体积
A2218101012	YLA1	0.013 830 09	29.366	212 333 000

三、预测工作区预测模型

预测工作区预测模型见表8-2-6。

表8-2-6 水洞式沉积型鸭园-六道江预测工作区预测模型

成矿要素	内容描述	类别
特征描述	矿床属沉积型矿床	
岩石类型	紫红色细粒石英砂岩、石英粉砂岩、含磷粉砂岩，局部夹薄层含铁石英砂岩、含海绿石石英砂岩-磷块岩	必要
成矿时代	寒武纪	必要
成矿环境	南华纪华北陆块（Ⅰ），华北东部陆块（Ⅱ），龙岗-陈台沟-沂水前太古代陆核（Ⅲ），八道江坳陷盆地（Ⅳ）内	必要

续表 8-2-6

成矿要素	内容描述	类别
特征描述	矿床属沉积型矿床	
构造背景	八道江坳陷盆地内轴向北东且较开阔的平缓向斜构造的两翼	重要
控矿条件	大地构造背景控矿:寒武纪沉积型磷矿产出的大地构造环境为南华纪华北陆块(Ⅰ),华北东部陆块(Ⅱ),胶辽吉古元古代裂谷带(Ⅲ),八道江坳陷盆地(Ⅳ); 地层控矿:磷矿均赋存在寒武系水洞组的紫红色含砾粉砂岩、紫色—黄绿色中薄层状胶磷砾岩、灰紫色—黄绿色中层状粉砂质细砂岩、灰色中厚层状砂质磷块岩与黄绿色薄层状砂质磷块岩互层、灰绿色中厚层状含海绿石砂质磷块岩、灰绿色胶磷砾岩、暗灰色含磷含砾砂岩等层位中,区域上所有沉积型磷矿床(点)、矿化点均受此层位控制; 构造控矿:后期的褶皱构造只改变矿体的形态,后期的断裂构造对矿体起到破坏作用	必要
找矿标志	大地构造标志:胶辽吉古元古代裂谷带八道江坳陷盆地; 地层标志:寒武系水洞组出露区; 构造标志:八道江坳陷盆地内轴向北东且较开阔的平缓向斜构造的两翼	重要

四、预测要素图编制

预测底图编制方法:在1∶5万成矿要素图的基础上,细化找矿标志,形成预测要素图。

第三节 预测区圈定

一、预测区圈定方法及原则

预测区的圈定采用综合信息地质法,圈定原则为:与预测工作区内的模型区类比,具有相同的含矿建造、含矿岩系等厚线、矿层厚度并结合走向埋深初步圈定预测区。最后专家对初步确定的最小预测区进行确认。

二、圈定预测区操作细则

在突出表达含矿建造、矿化蚀变标志的1∶5万成矿要素图基础上,以含矿建造为主要预测要素和定位变量,最后由地质专家确认修改,形成最小预测区。

第四节 预测要素和预测区优选

一、预测要素应用及变量确定

由于磷矿预测工作区的物探、化探、遥感和自然重砂异常不存在或不明显,所以只用含磷建造圈定最小预测区,为单一要素。模型区提供的预测变量只有矿产地和含矿建造两个变量,其他单元用到的预测变量也只有两个,为矿产地和含矿建造或者是磷元素化学异常及含矿建造。其他统计单元与模型单元的变量数一样,但有的内容不同,如果只是简单地应用特征分析法和神经网络法,采用公式进行计算求得成矿有利度,根据有利度对单元进行优选,势必脱离实际。因为统计单元成矿概率是同样的(均为1),无法真实反映成矿有利度。

本次预测区的优选充分考虑典型矿床预测要素少的实际情况及成矿规律,采取的优选方法和标准如下。

(1) A 类预测区:同时含有矿床及含矿建造的预测单元。
(2) B 类预测区:同时含有矿(化)点及含矿建造的预测单元。
(3) C 类预测区:含矿建造的预测单元。

二、预测区评述

鸭园-六道江预测区:含矿建造(寒武系水洞组)地层分布较广泛,P 元素异常与含矿建造吻合程度不高。本次共圈定最小预测区 A 类 1 个,B 类 1 个,C 类 16 个。区域上磷矿的赋矿层位为寒武系水洞组,磷矿成因为沉积型,但由于磷矿的品位低于磷块岩矿床的现行边界品位 12%,所以本区磷矿的找矿潜力不大。

第五节 资源量定量估算

一、地质体积参数法资源量估算模型区含矿系数确定

模型区含矿系数确定采用公式:
模型区含矿系数=模型区预测资源总量/模型区含矿地质体总体积。

二、地质体积参数法资源量估算最小预测区预测资源量及估算参数

1. 面积圈定方法及圈定结果

面积圈定方法及圈定结果见表8-5-1。

表 8-5-1　鸭园-六道江预测工作区最小预测区面积圈定大小及方法依据表

最小预测区编号	最小预测区名称	面积/m²	参数确定依据
B2218101011	YLB1	216 665	水洞组含磷建造出露区
C2218101016	YLC1	171 840	水洞组含磷建造出露区
C2218101017	YLC2	939 934	水洞组含磷建造出露区
C2218101018	YLC3	337 474	水洞组含磷建造出露区
C2218101013	YLC4	475 762	水洞组含磷建造出露区
C2218101014	YLC5	101 439	水洞组含磷建造出露区
C2218101015	YLC6	157 656	水洞组含磷建造出露区
C2218101009	YLC7	1 601 715	水洞组含磷建造出露区
C2218101006	YLC8	1 442 674	水洞组含磷建造出露区
C2218101008	YLC9	298 895	水洞组含磷建造出露区
C2218101010	YLC10	105 056	水洞组含磷建造出露区
C2218101005	YLC11	776 580	水洞组含磷建造出露区
C2218101007	YLC12	166 593	水洞组含磷建造出露区
C2218101004	YLC13	120 270	水洞组含磷建造出露区
C2218101001	YLC14	219 133	水洞组含磷建造出露区
C2218101002	YLC15	403 179	水洞组含磷建造出露区
C2218101003	YLC16	94 413	水洞组含磷建造出露区

2. 延深参数的确定及结果

延深参数的确定及结果见表 8-5-2。

表 8-5-2 鸭园-六道江预测工作区最小预测区延深圈定大小及方法依据

最小预测区编号	最小预测区名称	延深/m	参数确定依据
B2218101011	YLB1	1000	区域上含矿建造+类比已知区
C2218101016	YLC1	1000	区域上含矿建造+类比已知区
C2218101017	YLC2	1000	区域上含矿建造+类比已知区
C2218101018	YLC3	1000	区域上含矿建造+类比已知区
C2218101013	YLC4	1000	区域上含矿建造+类比已知区
C2218101014	YLC5	1000	区域上含矿建造+类比已知区
C2218101015	YLC6	1000	区域上含矿建造+类比已知区
C2218101009	YLC7	1000	区域上含矿建造+类比已知区
C2218101006	YLC8	1000	区域上含矿建造+类比已知区
C2218101008	YLC9	1000	区域上含矿建造+类比已知区
C2218101010	YLC10	1000	区域上含矿建造+类比已知区
C2218101005	YLC11	1000	区域上含矿建造+类比已知区
C2218101007	YLC12	1000	区域上含矿建造+类比已知区
C2218101004	YLC13	1000	区域上含矿建造+类比已知区
C2218101001	YLC14	1000	区域上含矿建造+类比已知区
C2218101002	YLC15	1000	区域上含矿建造+类比已知区
C2218101003	YLC16	1000	区域上含矿建造+类比已知区

3. 相似系数的确定

与模型区含矿建造相同,经工程验证存在矿体或矿化体的最小预测区与模型区的相似系数为 0.8;最小预测区与模型区含矿建造相同,但没有工程验证且没有发现矿体或矿化体的最小预测区与模型区的相似系数为 0.5。具体见表 8-5-3。

表 8-5-3　鸭园-六道江预测工作区最小预测区相似系数表

最小预测区编号	最小预测区名称	相似系数
B2218101011	YLB1	0.8
C2218101016	YLC1	0.6
C2218101017	YLC2	0.6
C2218101018	YLC3	0.6
C2218101013	YLC4	0.6
C2218101014	YLC5	0.6
C2218101015	YLC6	0.6
C2218101009	YLC7	0.6
C2218101006	YLC8	0.6
C2218101008	YLC9	0.6
C2218101010	YLC10	0.6
C2218101005	YLC11	0.6
C2218101007	YLC12	0.6
C2218101004	YLC13	0.6
C2218101001	YLC14	0.6
C2218101002	YLC15	0.6
C2218101003	YLC16	0.6

三、地质体积参数法资源量估算最小预测区资源量可信度估计

1. 面积可信度

最小预测区存在含矿建造,与已知模型区比较含矿建造相同,且存在矿化体,并且最小预测区的圈定是在含矿建造出露区上圈定最小区域,最小预测区面积可信度确定为0.8。

最小预测区存在含矿建造,与已知模型区比较含矿建造相同,最小预测区的圈定是在含矿建造出露区上圈定的最小区域,最小预测区面积可信度确定为0.5。

2. 延深可信度

根据已知模型区的最大勘探深度,同时结合区域上含矿建造的勘探深度确定预测深度延深可信度为0.9。

根据预测区内含矿建造-构造的产状,同时类比已知模型区确定的预测深度,确定的延深可信度为0.5。

3. 含矿系数可信度

对矿床深部外围资源量了解比较清楚,与模型区处于相同的构造环境下,含矿建造相同,有已知矿(点)的最小预测区,含矿系数可信度为0.8;没有已知矿(点)的最小预测区,含矿系数可信度为0.5。详见表8-5-4。

表8-5-4 鸭园-六道江预测工作区最小预测区预测资源量可信度统计表

最小预测区编号	最小预测区名称	面积		延深		含矿系数		资源量综合	
		可信度	依据	可信度	依据	可信度	依据	可信度	依据
B2218101011	YLB1	0.8	与已知模型区比较含矿建造相同,且存在矿化体	0.9	模型区的最大勘探深度、同时结合区域上含矿建造	0.8	与模型区处于相同的构造环境下、含矿建造相同、有已知矿(点)	0.576	面积、延深、含矿系数之积
C2218101016	YLC1	0.5	与已知模型区比较,含矿建造相同	0.5	根据预测区内含矿建造-构造的产状、同时类比已知模型区	0.5	与模型区处于相同的构造环境下、含矿建造相同	0.125	面积、延深、含矿系数之积
C2218101017	YLC2	0.5		0.5		0.5		0.125	
C2218101018	YLC3	0.5		0.5		0.5		0.125	
C2218101013	YLC4	0.5		0.5		0.5		0.125	
C2218101014	YLC5	0.5		0.5		0.5		0.125	
C2218101015	YLC6	0.5		0.5		0.5		0.125	
C2218101009	YLC7	0.5		0.5		0.5		0.125	
C2218101006	YLC8	0.5		0.5		0.5		0.125	
C2218101008	YLC9	0.5		0.5		0.5		0.125	
C2218101010	YLC10	0.5		0.5		0.5		0.125	
C2218101005	YLC11	0.5		0.5		0.5		0.125	
C2218101007	YLC12	0.5		0.5		0.5		0.125	
C2218101004	YLC13	0.5		0.5		0.5		0.125	
C2218101001	YLC14	0.5		0.5		0.5		0.125	
C2218101002	YLC15	0.5		0.5		0.5		0.125	
C2218101003	YLC16	0.5		0.5		0.5		0.125	

第六节 预测区地质评价

一、预测区级别划分

最小预测区存在含矿建造,与已知模型区比较含矿建造相同,且存在矿床或矿点,并且最小预测区的圈定是在含矿建造出露区上圈定最小区域,最小预测区确定为A级。

最小预测区存在含矿建造,与已知模型区比较含矿建造相同,且存在矿化体,并且最小预测区的圈定是在含矿建造出露区上圈定最小区域,最小预测区确定为 B 级。

最小预测区存在含矿建造,与已知模型区比较含矿建造相同,最小预测区的圈定是在含矿建造出露区上圈定的最小区域,最小预测区确定为 C 级。

二、评价结果综述

从磷矿预测区优选出的最小预测区,其中 B 类预测区 1 处,C 类预测区 16 处。

从吉林省十几年来磷矿的找矿经验和吉林省磷矿成矿地质条件看,在目前的经济技术条件下找矿潜力不大。

第九章　单矿种(组)成矿规律总结

第一节　成矿区(带)划分及矿床成矿系列

吉林省磷矿成矿区带划分见表 9-1-1。

表 9-1-1　吉林省磷矿成矿区(带)划分

Ⅰ	Ⅱ	Ⅲ	Ⅳ	Ⅴ
Ⅰ-4 滨太平洋成矿域	Ⅱ-13 吉黑成矿省	Ⅲ-55-① 吉中 Mo、Ag、As、Au、Fe、Ni、Cu、Zn、W 成矿带	Ⅳ2 山门-乐山 Ag、Au、Cu、Fe、Pb、Zn、Ni 成矿带	V2 山门 Ag、Au 找矿远景区
		Ⅲ-55 延边(活动陆缘)Mo、Au、As、Cu、Zn、Fe、Ni 成矿带	Ⅳ6 上营-蛟河 Fe、Mo、W、Au、Pb、Zn、Ag 成矿带	V21 塔东 Fe、Au、Cu 找矿远景区
	Ⅱ-14 华北(陆块)成矿省	Ⅲ-56 辽东(隆起)Fe、Cu、Pb、Zn、Au、U、B、P、菱镁矿、滑石、石墨、金刚石成矿带	Ⅳ16 通化-抚松 Au、Fe、Pb、Zn、Cu、A、P 成矿带	V54 大安 Au、Fe、Cu、P 找矿远景区

吉林省磷矿成矿系列见表 9-1-2。

表 9-1-2　吉林省与磷矿成矿有关的矿床成矿系列

矿床成矿系列类型	矿床成矿系列	矿床成矿亚系列	矿床式	典型矿床(点)
Ⅱ张广才岭-吉林哈达岭新元古代、古生代、中生代 Fe、Au、Cu、Mo、Ni、Ag、Pb、Zn、Sb、P、S 成矿系列类型	Ⅱ-1 塔东地区与新元古代海相火山沉积作用有关的 Fe、P、S 成矿系列	暂时无具体划分	塔东式	塔东铁矿床
	Ⅱ-2 吉中地区与古生代火山-沉积作用有关的 Pb、Zn、Au、Cu、Fe、S、P、重晶石成矿系列	Ⅱ-2-① 吉中地区与早古生代海相火山沉积作用有关的 Pb、Zn、Au、S、P、重晶石成矿亚系列		

续表 9-1-2

矿床成矿系列类型	矿床成矿系列	矿床成矿亚系列	矿床式	典型矿床(点)
华北陆块北缘东段太古宙—中生代 Au、Fe、Cu、Ag、Pb、Zn、Ni、Co、Mo、Sb、Pt、Pd、B、S、P、石墨、滑石矿床成矿系列类型	Ⅳ-7 吉南地区与古生代沉积作用有关的磷矿床成矿系列	暂时无具体划分	水洞式	水洞组磷矿
	Ⅳ-7 吉南地区与古元古代沉积变质作用有关的磷矿床成矿系列	暂时无具体划分		珍珠门磷矿

第二节 区域成矿规律与图件编制

(一)成因类型

吉林省磷矿成因类型主要为沉积变质型和沉积型。

沉积变质型代表性的矿床(点)有白山市珍珠门磷矿、白山市板石磷矿等,主要与古元古代老岭岩群珍珠门岩组白云质大理岩有关。

沉积型代表性的矿床通化县水洞组磷矿,主要与寒武纪水洞组含磷建造有关。

(二)成矿构造背景

古元古代沉积变质型的磷矿产出的大地构造环境为前南华纪华北陆块(Ⅰ),华北东部陆块(Ⅱ),胶辽吉古元古代裂谷带(Ⅲ),老岭坳陷盆地(Ⅳ)。

寒武纪沉积型磷矿产出的大地构造环境为南华纪华北陆块(Ⅰ),华北东部陆块(Ⅱ),胶辽吉古元古代裂谷带(Ⅲ),八道江坳陷盆地(Ⅳ)。

(三)控矿因素

1. 地层控矿

吉林省发现的所有沉积变质型的磷矿均赋存在珍珠门岩组底部的紫红色铁质角砾状白云质大理岩、含磷铁质白云石角砾岩,夹含磷铁质白云质大理岩层。区域上所有沉积变质型磷矿床(点)、矿化点均受此层位控制。

吉林省发现的所有沉积型的磷矿均赋存在寒武系水洞组的紫红色含砾粉砂岩、紫色—黄绿色中薄层状胶磷砾岩、灰紫色—黄绿色中层状粉砂质细砂岩、灰色中厚层状砂质磷块岩与黄绿色薄层状砂质磷块岩互层、灰绿色中厚层状含海绿石砂质磷块岩、灰绿色胶磷砾岩、暗灰色含磷含砾砂岩等层位中。区域上所有沉积型磷矿床(点)、矿化点均受此层位控制。

2. 构造控矿

沉积型变质型磷矿受老岭坳陷盆地控制,在珍珠门期为老岭坳陷盆拉伸最大阶段,出现海水广泛的超覆现象,当时气候炎热干旱,蒸发量大于补给量,在较广阔的潮坪和潟湖盆地中普遍为巨厚的含碎屑的碳质、黏土质、白云质磷酸盐等含磷蒸发岩沉积(白云岩),伴随少量的锰质沉积。在老岭隆起的两侧由于海水较深,不利于磷酸盐沉积,故含磷岩相不发育。在水动力的作用下,原生沉积含磷层发生破裂,形成角砾相,代表不稳定的浅海沉积环境。后期的褶皱构造不但改变矿体的形态,而且使成矿物质进一步富集,形成矿体和矿化体。后期的断裂构造对矿体起到破坏作用。

沉积型磷矿受八道江坳陷盆地控制,在寒武纪早期八道江坳陷盆地继承了新元古代沉积盆地,接受浅海相及滨海相沉积。在水洞期炎热干旱的沉积环境下,在潮间坪环境下沉积一套富含生物介壳类生物碎屑的碎屑岩,形成了以胶磷矿为主的低品位磷矿。后期的褶皱构造只改变矿体的形态,后期的断裂构造对矿体起到破坏作用。

(四)成矿物质来源

根据矿体产出特征和控矿因素分析,沉积变质型和沉积型磷矿的成矿物质主要来源于古陆风化剥蚀和海相化学沉积。古陆两侧富含磷的基性建造岩石风化剥蚀后,磷被水系带入海盆,一部分被生物吸收,生物死后以生物碎屑形式形成富含磷的沉积,一部分形成化学沉积;此外,磷的来源可能与海水有关。

(五)成矿时代

沉积变质型磷矿成矿时代为 $1912\sim1841$ Ma,为古元古代。沉积型磷矿成矿时代为寒武纪早期。

第十章 结 论

一、主要成果

(1)完成《吉林省磷矿资源潜力评价成果报告》1份,编制水洞沉积型典型矿床成矿要素图、成矿模式图、预测要素图、预测模型图、成矿要素表、预测要素表。

(2)根据磷矿成矿条件和矿产特征,划分了鸭园-六道江一个预测工作区,编制了磷矿预测类型分布图。

(3)在全国成矿区(带)统一划分方案的基础上,划分了3个Ⅳ级和3个Ⅴ级成矿区(带),编制了全省磷矿成矿规律图。

(4)本次采用地质体积法进行吉林省磷矿资源量预测,是矿产潜力评价主要成果。使用较先进的MRAS软件进行数据处理和空间分析,在8个最小预测工作区中,根据含矿建造磷矿矿化点的分布,利用典型矿床建立1个矿产预测模型,优选了17个最小预测区进行定量估算,编制了《吉林省磷矿预测资源量估算报告》,为今后吉林省磷矿找矿工作积累了宝贵的基础资料,为圈定找矿靶区、扩大磷矿找矿远景指明了方向。

二、本次预测工作需要说明的问题

因吉林省是贫磷省份,且磷矿的成矿地质条件一般,在现有的经济和技术条件下,不具备寻找规模型磷矿,吉林省磷矿预测的总资源量较少,仅相当于一个大型磷矿的储量,所以本次预测没有在勘查部署建议及未来勘查开发工作预测方面开展更深入的研究工作。预测的总资源量虽少,但本次工作是完全按技术要求开展的,工作质量较高。

三、存在问题及建议

开展磷矿的预测工作,首先应该在1∶25万或1∶20万建造构造图的基础上,叠加1∶25万或1∶20万航磁异常,圈定1∶25万或1∶20万尺度的预测区;在1∶25万或1∶20万尺度预测区的范围内编制1∶5万构造建造图,叠加1∶5万航磁异常,得到1∶5万最小预测区,开展资源储量预测;在1∶5万最小预测区的基础上亦可开展更大比例尺的资源预测。建议将来在开展此项工作时,要调整技术流程。

主要参考文献

陈毓川,王登红,等,2010.重要矿产和区域成矿规律研究技术要求[M].北京:地质出版社.

陈毓川,王登红,等,2010.重要矿产预测类型划分方案[M].北京:地质出版社.

范正国,黄旭钊,熊胜青,等,2010.磁测资料应用技术要求[M].北京:地质出版社.

贺高品,叶慧文,1998.辽东—吉南地区中元古代变质地体的组成及主要特征[J].长春科技大学学报,28(2):152-162.

吉林省地质矿产局,1989.吉林省区域地质志[M].北京:地质出版社.

贾大成,1988.吉林中部地区古板块构造格局的探讨[J].吉林地质(3):58-63.

蒋国源,沈华悌,1980.辽吉地区太古界的划分对比[J].中国地质科学院院报沈阳地质矿产研究所分刊(1)1.

金伯禄,张希友,1994.长白山火山地质研究[M].延吉:东北朝鲜民族教育出版社.

李东津,万庆有,许良久,等,1997.吉林省岩石地层[M].武汉:中国地质大学出版社.

刘尔义,徐公榆,李云,等,1984.吉林省南部晚元古代地层[J].中国区域地质(8):33-50.

刘嘉麒,1989.论中国东北大陆裂谷系的形成与演化[J].地质科学(3):209-216.

刘茂强,米家榕,1981.吉林临江附近早侏罗世植物群及下伏火山岩地质时代讨论[J].长春地质学院学报(3):18-20.

欧祥喜,马云国,2000.龙岗古陆南缘光华岩群地质特征及时代探讨[J].吉林地质,19(9):16-25.

彭玉鲸,苏养正,1997.吉林中部地区地质构造特征[J].中国地质科学院院报沈阳地质矿产研究所分刊(6):335-376.

彭玉鲸,王友勤,刘国良,等,1982.吉林省及东北部临区的三叠系[J].吉林地质(3):5-23.

邵建波,范继璋,2004.吉南珍珠门组的解体与古—中元古界层序的重建[J].吉林大学学报(地球科学版),34(20):161-166.

陶南生,刘发,武世忠,等,1975.吉中地区石炭二叠纪地层[J].长春地质学院学报(1):31-61.

王东方,陈从云,杨森,1992.中朝陆台北缘大陆构造地质[M].北京:地震出版社.

王友勤,苏养正,刘尔义,等,1997.全国地层多重划分对比研究东北区区域地层[M].武汉:中国地质大学出版社.

向运川,任天祥,牟绪赞,等,2010.化探资料应用技术要求[M].北京:地质出版社.

熊先孝,薛天兴,商朋强,等,2010.重要化工矿产资源潜力评价技术要求[M].北京:地质出版社.

殷长建,2003.吉林南部古—中元古代地层层序研究及沉积盆地再造[D].长春:吉林大学.

于学政,曾朝铭,燕云鹏,等,2010.遥感资料应用技术要求[M].北京:地质出版社.

苑清杨,武世忠,苑春光,等,1985.吉中地区中侏罗世火山岩地层的定量划分[J].吉林地质(2):72-76.

张秋生,李守义,1985.辽吉岩套—早元古宙的一种特殊化优地槽相杂岩[J].长春地质学院学报,39(1):1-12.

赵冰仪,周晓东,2009.吉南地区古元古代地层层序及构造背景[J].世界地质,28(4):424-429.